U0303742

自然观察
Nature series

都市昆虫记

The Fascinating World of Urban Insects

李钟旻 著　三蝶纪 审校

商务印书馆
The Commercial Press

目录 Contents

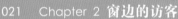

 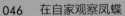

推荐序

　　想从都市中发现有趣的新事物，通常都不会与昆虫有所关联吧！然而作者却对昆虫情有独钟，专注于水泥森林中的六足世界。文质彬彬的作者，很难从外表看出他是一个充满好奇心且观察力敏锐的典型"法布尔症候群"重度患者。若非喜爱自然野趣的同好，实在难以体会作者长期守候观察与点滴累积记录的辛苦，也无法分享到作者沉浸在探索自然奥秘中的乐趣。

　　近年来，市面上陆续推出了不少昆虫科普书籍，虽然其中不乏图文并茂者，但能兼具翔实生动的诠释与十足的生活化，则非本书莫属。细读此书，就会感受到作者对自然的热爱与极具天赋的观察力；明确的科学论述，难以掩盖作者受过的科班熏陶；这些与众不同的要件，构成了本书的特色。在到处都是人工设施、极端不自然的环境中，想要借着影像营造出野趣十足的昆虫生态并不容易，但作者却善于运用广角镜头，平实地记录昆虫，将主体融入满是高楼大厦的人为环境中，然后再佐以生动的文笔，依然足以引人入胜。赏心悦目的蝴蝶，几乎人见人爱；至于令人厌恶的蟑螂，通常都会被极力排斥，不被大众了解。但在作者的眼里，就没有这么两极的看法，只要是他自认不懂的，就会满心欢喜地观察记录。

　　一般人对昆虫的认知，大都停留于物种形态的辨识，以为叫得出昆虫的名称，就是懂得昆虫，至于物种与环境的关系、在生态系统里扮演的角色，则一无所知，既无助于环境的改善，更不用说生态保护了。不管你喜不喜欢，在日常生活中随时留意身边的事物——连昆虫也不例外——总会有所收获，除了关心环境也能增进智识。

　　本书从叙述昆虫的生态习性中带出昆虫与人的关系，转化成认识环境、观察生态的学习素材，为昆虫宠物化的风潮注入一股清流。希望此书引领昆虫的同好们开启新的方向，激发大家了解自然与人文融合的风采。

徐渙之

2015年3月于六足工作室

Chapter 1

身边的昆虫在哪里？

昆虫是一群有趣的小生命，它们遍布于地球上的各个角落，拥有令人惊叹的庞大族群。目前中国台湾已有记录的昆虫，种类便超过了两万种，这些多样的昆虫集团，有着千奇百样的行为。

各种不同的昆虫，彼此间可能为了生存而互相竞争，或者捕食对方、寄生在其他种类的个体身上。自然环境以及自然界里许多的动物、植物，也关系着它们的存续。许多昆虫为了适应环境，发展出独有的特技，因而在它们的身上总有着说不完的故事。

尽管人类生活在现代化的都市中，这看似与大自然之间隔了层看不见的城墙，把我们局限在密不透风的文明里，让你我长期脱离大自然。但是，其实许多昆虫早已适应了城市环境，或者长期游走于都市边缘，与我们的生活可谓关系密切。说昆虫是与我们最亲密的邻居，可是一点也不为过。

假设你富有好奇心且热爱动植物，却鲜有注意过这群都市里的娇客，那么，不妨改变以往看待事物的角度，试着在身边的不同环境里，找寻昆虫的踪影。在都市中的各式场所，或多或少都有着昆虫活动的迹象。有时候甚至不需要踏出家门，也可以有观察昆虫的机会。

1　美丽的达摩凤蝶是都市环境里的娇客。

其实家里的阳台，就是进行自然观察很方便的地方。人类喜欢在自家阳台栽种花卉草木，这大概是基于喜爱大自然的天性，因而我们居住的地方向来不乏观赏性的植物。而这些植物盆栽的四周，也成了住宅区里一些昆虫的主要活动空间。

植物的叶子、茎是很多昆虫取食的对象，因此日照充足又有花木生长的阳台，往往能吸引植食性的昆虫前来聚集、繁殖。例如有很多观赏

1 亚麻蝇（*Parasarcophaga* sp.）。蝇类通常都不得人缘，因为它们常聚集在粪便或腐肉周围。

植物，便是蝴蝶、蚜虫、介壳虫等昆虫的寄主植物。当然在人类房舍前出现的昆虫并不只限于素食主义者；每当有植食性昆虫出现，也常会吸引捕食性、寄生性的昆虫前来，它们常在植物周围流连，伺机捕捉或攻击猎物。

观赏性花卉或花盆里自然长出的野生小草，在开花时也会引来一些喜爱访花吸蜜的昆虫。盆栽的土壤，或者周围较低矮的杂草，其上也会有地栖性

2 盆栽里的酢浆灰蝶（*Pseudozizeeria maha*）。注意看，一只酢浆灰蝶正停在自然长出的酢浆草叶子上。

3 柑橘木虱（*Diaphorina citri*）。芸香科植物上常见的小虫，在柑橘类或九里香（*Murraya paniculata*）等盆栽上都有机会见到。

4 臀纹粉蚧（*Planococcus* sp.）与褐大头蚁（*Pheidole megacephala*）是阳台的常客。

5 居家阳台上的植被足以吸引昆虫前来。

6 访花的达摩凤蝶（*Papilio demoleus*）。达摩凤蝶常在居家所种植的柑橘类盆栽上产卵，它们的成虫、幼虫都是阳台的常客。

的昆虫活动。偶尔也会有一些昆虫飞行经过，而暂时在阳台停栖。

　　在阳台观察昆虫的好处是，不需要出门，也不须费心去饲养照料，随时可以就地观察到昆虫有趣的行为。但是因为受限于人工环境，能见到的昆虫种类较为有限，如果你已充分认识阳台的这些昆虫，想再接触更多不同的种类，那么是时候前往其他环境看看了。

6

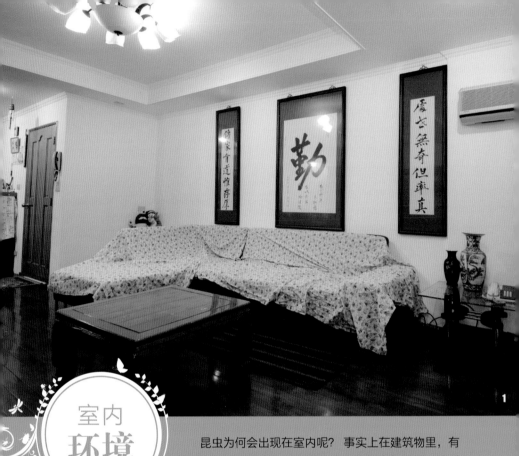

室内
环境

昆虫为何会出现在室内呢？事实上在建筑物里，有着人类所储藏的食物、日常用品，而且常年温暖，这对一小部分的昆虫来说，是相当理想的生活环境。甚至家具，以及人类和宠物的毛发、皮屑，都能成为特定昆虫的食物。不过，通常生活在居家室内的昆虫，行踪都很隐秘，并不是时常能够见到，且许多种类的体形很小。也因为如此，尽管它们长期伴随我们左右，多数人却对它们相当陌生，甚至叫不出这些昆虫的名称。

居家环境毕竟经常有人整理，如果是时常打扫的干净住家，要找寻昆虫，可能就得多花点时间，甚至碰碰运气。但是，若你有足够的耐心，一旦找出这些外表、行为各异的昆虫，它们所包含的种类数目，可能会超乎许多人的想象。那些会在屋子里活动的小虫，可不只是蚊子、苍蝇这

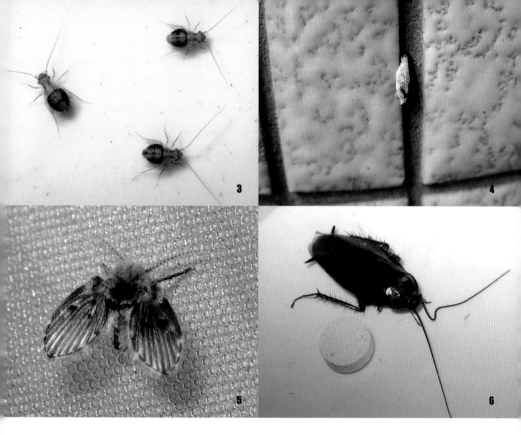

些常见的种类，在房间、厨房及厕所，还可能存在一些体形微小的昆虫，例如衣蛾、啮虫，以及一些小甲虫。

虽然许多在屋子里出现的昆虫，大多不会危害人类的健康，但有时却可能让人觉得有碍观瞻，造成生活上的困扰。也许在知道它们存在的原因之后，你可以换另一种角度来思考，把它们视作一般的昆虫来看待，其实它们是一群很特别的观察对象。

1　室内环境是部分昆虫喜爱的生活场所。
2　囤放食物的地方常会见到烟草甲（ *Lasioderma serricorne* ）。
3　在墙上活动的窃跳啮（ *Psocathropos* sp. ）。啮虫这类昆虫的体形很小，很多人往往忽略了它们的存在。
4　户鞘谷蛾（ *Phereoeca uterella* ）幼虫的筒巢。衣蛾是生活在室内的小型蛾类，它们的筒巢在室内墙壁上极常见。
5　毛蠓（ *Clogmia albipunctatus* ）。浴厕常见的小型昆虫，喜欢阴暗的环境，幼虫生活在水槽或积水中。
6　摆在室内的蟑螂屋常会捉到褐斑大蠊（ *Periplaneta brunnea* ）。

1

社区花园

田地农园过去是都市中难得一见的景象，然而目前有越来越多的人，尝试利用闲置的空间，在自家楼顶或者住宅附近搭建田地菜园，做起了城市农夫。在都市里的农园当中所栽种的作物，通常为蔬菜、瓜果类，尤其是生长期短的叶菜类蔬菜最为常见。有许多市民倾向采取有机栽培的方式耕种，也就是不使用合成农药与化学肥料的耕种方式，如此不仅可以吃得更安心，对于都市容貌还有美化的效果。

这类环境中的植物除了人类所需要的作物，还包括自然生成的杂草，通常植物加起来种类并不算多。于当中繁殖的昆虫，常出没在作物间或土壤里，常见者包括蛾类、蝶类、蝗虫、蚜虫等，它们也常会引来草蛉、寄生蜂等天敌。

当然，会在此出现的昆虫，有不少取食农作物，被农园经营者视为有害的种类。这些昆虫原本居住在野外，但偶然接触到人类栽培的作物，遂在此繁殖，因而造成作物受损、影响收成。因此只要有作物，就会有所谓的"害虫"。而且这些植物通常都集中在一起培育，对植食性的昆虫来说，恰好是充裕的食物来源，而苗圃里的天敌比野外环境更少，每当虫害大量出现时，也常让城市农夫大感头痛。

1 都市里的农地多半以栽种短期的蔬果为主。

2 菜粉蝶（*Pieris rapae*）。它们的幼虫以十字花科、白花菜科、金莲花科的植物为食，在农园里的数量极多。

3 小菜蛾（*Plutella xylostella*）。世界上有名的蔬菜害虫，常出现在十字花科作物上。

4 六斑月瓢虫（*Cheilomenes sexmaculata*）主要以蚜虫为食，所以被视为益虫，在苗圃或庭园均很常见。

5 桃蚜（*Myzus persicae*），十字花科、茄科作物上常见的一种蚜虫，它们尤其偏爱聚集于植物的幼叶与嫩芽部位。

6 银叶粉虱（*Bemisia argentifolii*）。它们的身体表面覆有白色蜡粉，总是成群出现，看起来就像是植物上布满了白色的粉尘。

近郊山区

如果想要观赏数量更丰富、种类更多样的昆虫，那么就前往大自然吧。向往郊野的你，其实不太需要烦恼交通上的问题。有不少的好去处，包括马路边的小山、街巷旁的自然步道，本身就坐落在都市旁，甚至位居都市中，就算没有自备汽车，也随时可以搭乘公共交通工具远离尘嚣。

这类地点通常都位于低海拔山区，其中生态系统的主要生产者大多为阔叶树，这些树木的树冠层有着丰富的枝叶、花果，所以成为许多植食性昆虫重要的食物来源。而昆虫则是数量最多、种类最广的消费者，通常栖息于树

冠层的昆虫数量最多，例如许多蛾类、蝶类的幼虫。每逢树冠层开花，花的色泽与香气也将吸引许多访花性昆虫，并连带引来若干捕食性昆虫。也有不少昆虫会栖息在树干上，藏身于树皮或树洞间。夏天时，一些树种如青冈、栓皮栎、榉树等，树干也常会渗出汁液，金龟子、蛱蝶、马蜂等偏爱取食树液的昆虫常会前来觅食。在森林里活动的这些昆虫，它们在食物链中位居要位，也有助于维持植物的组成，并帮助植物授粉。

1　近郊山区是找寻昆虫的理想环境。
2　胸斑星天牛（*Anoplophora macularia*）。天牛是山区很常见的一类植食性甲虫，多数天牛的幼虫以取食枯木或活树的木质部组织维生。
3　陆马蜂（*Polistes rothneyi*）。生活在低、中海拔山区，冬季以外均常见，常筑巢于树干上。

山区的地表有许多较低矮的花草，以及植物的枯萎掉落物。由于地面上富含有机物，因此有很多机会可以找到在落叶层里活动以及偏好地表阴暗环境的昆虫。此外有些郊区山野邻近湿地，有着依山傍水的优势，在这类环境中将有机会接触到水栖性的昆虫，如蜉蝣、水栖性蝽以及蜻蜓等。

在不同的地点，当地所生长的植物以及地形、自然环境等条件都不大一样，当中存在的昆虫种类也会因地而异，各处常存在一些特有的种类。如果该地区的自然环境越复杂，昆虫种类的多样性也将越高。

当各类环境都走了一趟后，你可能会发现，在野外遇见昆虫的机会是比在住家附近高出许多的，毕竟它们原本就是属于大自然的成员，不是吗？所以和山林野地比起来，寻找阳台或室内环境的昆虫时，常常还是得提高注意力才行。不过，对于喜爱大自然的人来说，在生活周遭见到各种不同的昆虫，仍然是件让人感到欣喜的事情。

4   中华稻蝗（*Oxya chinesis*）在平地与低海拔地区的草丛里很常见。
5   鼎脉灰蜻（*Orthetrum triangular*）是山区水边常见的蜻蜓。
6   蜻蜓、豆娘的稚虫生活于水中，俗称水虿；此为豆娘的水虿。
7   美凤蝶（*Papilio memnon*）的幼虫在低海拔地区很常见。
8   截叶糙颈螽（*Ruidocollaris truncatolobata*），一般在低海拔环境的草丛中活动。
9   荔枝蝽（*Tessaratoma papillosa*）成虫在户外相当常见。

公园
绿地

　　如果不往山里跑，都市里哪儿还能见到比较丰富的生物呢？大概非公园这类场所莫属。这里指的公园绿地包括一般我们所熟知的公园、社区的小片草坪，以及栽植行道树的公园道等环境。这类绿地向来是以人工方式营造，以供市民休憩为目的。而不少类似的环境也存在于校园中，如学校的草坪与景观植栽等。

　　虽然公园与校园中的绿地大多属于人为建造的环境，然而此区域由于种有美化植栽，里头可见乔木、灌丛修剪成的绿篱、整齐的草皮，再加上各式花卉，这样的环境也发展出一大片丰富的绿色生态。这类环境中的常见乔木如榕树、枫香、秋枫、棕竹、散尾葵，常见灌木如假连翘、黄金榕、九里香等。

尽管由于人类的喜好，公园里通常仅有少数几种绿化树种，某些外来种景观植物也受到刻意的栽种，因此植物与昆虫的多样性无法与野外自然环境相比，但这里仍然能够观察到不少适应力强的昆虫，常见的如蝽、蝴蝶、蛾、蚂蚁、螽斯、蝗虫等。我们可以试着观察树木的叶子以及草地、土壤与落叶，上头都有着习性各异的种类，稍作留意总会找到些蛛丝马迹。有些公园里也会有池塘或类似的亲水环境，在气候适宜的季节，则有机会观赏蜻蜓与豆娘。

1　公园绿地是城市丛林里的诺亚方舟。

2　行道树上的麻皮蝽（*Erthesina fullo*）。在常见的行道树如樟树、水黄皮树干上不难找到这些吸食树液的蝽。

3　公园里的金斑蝶（*Danaus chrysippus*）正在吸食马利筋的花蜜。马利筋是常见的观赏植物，它不但是金斑蝶的寄主植物，所开的花也常吸引蝶类前来吸食。

　　不过这类场所或多或少会面临定期除草、施工等情况，甚至周期性地消毒、喷洒除草剂，因此有时昆虫的族群不太稳定，能够观察的目标可能会时有时无。但是，当前有越来越多以标榜维护自然生态为理念的、以自然的方式营造及维护的公园，这类公园里的生物不大会受到人为的干扰，是相当值得推荐的赏虫好去处。

4　榕管蓟马（*Gynaikothrips uzeli*）。道路旁的榕树上可以发现这些小虫子。

5　短额负蝗（*Atractomorpha sinensis*）。它们不管是野草或作物都吃，因此在公园或农地里都有机会见到。

6　宽腹斧螳（*Hierodula patellifera*）的若虫。常见的中大型螳螂，它们常躲在草丛里伏击猎物。

Chapter 2

窗边的
访客

秋天来访的蜻蜓

在蜻蜓的生命过程中，有大半时间都是在水里，只有成虫期才会脱离水而生活，所以它们大多会在干净的淡水水域附近活动。

在自然环境里，依据不同水域的性质，我们所见到的蜻蜓种类也略有不同。有的蜻蜓常见于静态水域，如池塘、湖泊或沼泽；有的种类则偏好栖息在流动性的河流、小溪或沟渠周遭。而蜻蜓的存在与否，与水源的清洁程度密切相关，因此蜻蜓也是一种监测水域环境优劣的生态指标。

不过在都市里，水域环境并不多见，若想在有人居住的都市找蜻蜓，只有在公园或排水沟这类有水源的地方，才有可能找到。所以说，蜻蜓算是市

区里比较难见到的生物，也许不少人心里是这么想的吧。

但蜻蜓除了在水边活动，其实也有一些特例。有种蜻蜓常年都会造访我家的阳台，就在这种四周没有溪河，只有菜市场、便利商店、马路与高架桥的环境里，这地方确实非常人工化。这种蜻蜓每次出现，停留的位置都相当固定，低矮的地方不碰，总是选择较高、较显眼的位置停栖，最常见的就是吊在那些长得较高的盆栽上。每次来访，往往是在清晨和夜晚这段气温较低的时刻。

1 　以广角镜头拍下窗前的黄蜻（*Pantala flavescens*）。
2 　停在公寓阳台的黄蜻。

3　　　　　　　　　　　　　4

　　这种蜻蜓名为黄蜻，也有人称它们为群航黄蜻，大概是因为它们的外表以橘黄色为主。黄蜻原本就分布相当广泛，不但台湾全岛可见，也是世界上常见的种类。在台湾，尤其在秋季时特别容易见到，山区时常可见它们成群飞舞。每次它们飞到我家里来，时间也几乎集中在秋季。从前偶尔有机会在市区的建筑物里见到这种蜻蜓，不过在自家阳台碰到，应该算是比较稀奇了。于是我开始留意并稍作记录，看看它们哪一年会缺席；结果一年、两年、三年过去，每年都会出现！

　　有时在家门前发现了黄蜻，为了靠近观察或拍照而惊动到它，结果它往往迅速飞起，但总是飞到空中后，又持续盘旋一阵子才离去。如果运气好的话，隔一两天，又会发现黄蜻飞回阳台栖息，虽然不确定这位访客是否仍为同一只，或者其实换成了其他的个体来访。

在我眼中看见生命光彩

　　黄蜻的躯体大致呈金黄色，唯腹部背侧有些许橘红色区域及黑色斑纹，体长约六厘米。黄褐色的胸部，侧面略带有灰白色，腹部背面有淡淡的黑色条纹。巨大而带有特殊光彩的复眼显得特别醒目，上半部为鲜艳的红褐色，下半部则呈现蓝灰色光泽。蜻蜓的眼睛是由许多小眼组成的复眼，整体在身体中比例算是相当大的。由于亮丽的复眼色彩源自复眼中的液体，死亡后色彩往往也随之消退。两对无色透明的翅膀，呈现出细致的脉络，更因此而得名薄翅蜻蜓。《本草纲目》中"大头露目，翼薄如纱，食蚊虻，饮露水"正是形容它最好的词句，简短又贴切地说明了它的外表与习性。

黄蜻有一个明显的特色，它们停栖时的姿势与众不同。大部分蜻蜓停栖时，姿势一般呈水平式，即两对翅膀平展，背面朝上、六足朝下的姿态。然而黄蜻在停留时，虽然同样是标准的翅膀平展，身体却以倒吊的姿态"悬挂"在植物上，头上尾下，类似拉单杠一般的动作。其实这项特色也是辨识它们的简单方法。停栖时会将双翅竖起的种类通常是俗称的豆娘，而非蜻蜓。

轻盈身影行遍万里

假如初见这些城市里的蜻蜓，感到有些讶异是难免的，毕竟如前所说，蜻蜓通常会伴随水域周边环境出现。然而黄蜻本身因为行动力强，因此分布范围相对不受限制。黄蜻在台湾地区几乎全年可见，其稚虫主要是在池塘这类静态水域中生活。它们有迁移的特性，再加上适应力强，甚至在都市里都可以见到其踪影。也曾见过这种蜻蜓在宽阔的草地上，成群结队地集体盘旋，似乎没有别的蜻蜓和它们一样团结。

5

---

3 蜻蜓的复眼通常左右几乎相连在一起。
4 趁着黄蜻来访，靠近拍下头部的特写。
5 停在盆栽上的黄蜻，摄于2010年11月。

6

7

黄蜻的身体相当轻盈，不但飞行时较省力，更能借着气流做长时间的滑翔。西方人认为它们的飞行姿态就像在空中翱翔的迷你滑翔翼一样，称它们为"漫游滑翔机"（Wandering Glider）。

它们也被认为是目前世界上分布最广的蜻蜓，其迁移能力更是举世闻名。黄蜻能够进行长距离飞行，并且有集体迁移的行为，秋天的时候，甚至某些地区的海面上都可以看见黄蜻。更有学者发现，每年都有上百万只的黄蜻从印度南部，跨越印度洋飞往非洲，做跨世代的迁徙，来回距离超过一万公里！

6　阳台上的黄蜻，摄于2013年9月。

7　摄于2012年6月，黄蜻停在阳台生锈的铁栏杆上。这次出现的时间比较特别，是在夏天。

8　豆娘的身体纤细，停栖时翅膀竖起。此为常栖息在湿地的豆娘，杯斑小螅（*Agriocnemis femina*）。

如何分辨蜻蜓、豆娘？

蜻蜓跟豆娘是一样的生物吗？若从字面听起来，"豆娘"显得较为淑女，"蜻蜓"这个名词则像是绅士一般。其实蜻蜓与豆娘在分类上属于蜻蜓目底下不同亚目的种类。它们有亲戚关系，并且都是肉食性的昆虫。那么蜻蜓与豆娘，该怎么分辨呢？

最明显的差别，一般就是看停留时的姿势了。豆娘停栖时翅膀往往会竖起、相叠，有些类似蝴蝶停栖时的姿势；蜻蜓停栖时两对翅膀则是摊平而不重叠的。另外我们也可以从它们头部的外观来进行区分。豆娘的两颗复眼距离较远，因此整个头形仿佛就像哑铃一样；蜻蜓的复眼则通常左右几乎相连在一起的，或只稍微地分开，因此整颗头近似球形。

其他的差别如豆娘通常体形比蜻蜓小，蜻蜓则是体形较大、较粗壮。蜻蜓两对翅大小不同，后翅靠近身体的部分较宽些；豆娘则是两对翅大小相近等。下次经过户外有水源的地方，不妨仔细找找，看看身边出现的是豆娘还是蜻蜓吧！

8

蝽
的口味

某天到宜兰拜访朋友，发觉窗边的盆栽里聚集了一些小东西，凑近一看，原来是叶子上有麻皮蝽产了卵，孵出了几只小蝽。两周后，恰巧自家门口也冒出一批蝽的卵，这回孵出的是荔枝蝽。

这两种蝽都是很普遍的种类，黄斑蝽在市区行道树如樟树、水黄皮、台湾栾树的树干上时常有机会见到，荔枝蝽则常见其取食柑橘、龙眼等果树以及台湾栾树，这些植物也是住宅区常见树种。当然野外环境也有很多这些蝽的同伴。我原本想着可以趁这个机会记录它们长为成虫大约要多久，但这些蝽随着龄期渐长开始四处游走，纷纷爬离原本取食的植

物，全数从阳台消失，也许跑到隔壁住户家里去了。

蝽并不是甲虫

　　蝽来做客的情形当然并不是第一次了。春夏季里，有时会有不同种类的蝽成虫飞到自家窗前。家人见到这些蝽，总误以为是天牛或金龟子。蝽的外表可能常让人搞不清楚它们跟甲虫有什么差别，但其实蝽并不是甲虫，它们

1　盆栽叶子上的麻皮蝽（*Erthesina fullo*）1龄若虫。
2　行道树上的麻皮蝽，它们在社区中很常见。
3　城市的行道树上找得到麻皮蝽。
4　正在交尾中的麻皮蝽成虫。

是属于半翅目异翅亚目的一群昆虫。从成虫外表来看，大部分种类的蝽，前翅前半部为厚硬的革质，后半部则为柔软而略带透明的膜质，它们的头部具有能够刺穿植物组织的"刺吸式"口器。

以生长过程来说，半翅目的蝽属于"不完全变态"的昆虫。一般不完全变态的昆虫，发育过程是不经过蛹期的，其幼期称为"若虫"，若虫的外观与成虫较为相似，尤其接近终龄时，外表宛如缺少翅膀的成虫。然而鞘翅目的甲虫则是"完全变态"的昆虫，这类昆虫幼期外观与成虫则大不相同，称为"幼虫"，且发育过程会经过蛹的阶段；例如甲虫之中的独角仙，其幼期便是呈柔软的"蛴螬"状，和成虫有着非常大的差异。

聪明避敌法的臭虫

似乎很少有人会喜欢蝽，或者愿意去饲养蝽，不像一些甲虫玩家着迷锹甲那般狂热，理由之一大概是基于蝽的食物需求。蝽的种类多样，它们之中包含植食性和肉食性的种类。植食性的蝽主要以刺吸式的口器插入植物中，吸食韧皮部汁液；肉食性种类则是以吸食猎物的体液维生。以植食的种类

5

5　孵出麻皮蝽的大序格距兰盆栽（蝽在右上角）。
6　盆栽叶片上的麻皮蝽2龄若虫。
7　麻皮蝽2龄若虫的斑纹十分艳丽。

6

7

来说，如果想饲养，必须每天准备新鲜的植物让蝽吸食，而不同种类又有各自专属的一批寄主植物，这并不是件容易的事。

另外一个原因，大概就是蝽那让人敬而远之的特殊味道。散发异味，相信是很多人对蝽的第一印象。蝽的身体具有臭腺，大部分蝽在感觉受到骚扰时，会分泌挥发性的液体，分泌物的气味容易飘散，对天敌具有警示的效果，能让它们免于遭受其他肉食性动物的捕食。假如有人试图徒手捕捉蝽，很容易沾到其分泌物，分泌物看起来是黄褐色的，闻起来有一股刺鼻的腥臭味，附着在皮肤或衣物上的分泌液也不容易清洗掉，因此蝽常被称为"臭虫"，闽南话则称它们为"臭腥龟仔"。这样的习性是许多蝽的共同特征，尽管也有部分种类的蝽是不会分泌臭液的。

10

　　早期台湾地区曾出现过俗称床虱、臭虫的小虫子，其实就是一种以脊椎动物血液为食的蝽，这种蝽翅退化，白天藏匿在住宅的角落，夜晚爬出来吸人血。不过在台湾的卫生环境改善后，这种会吸血的蝽已不多见。

　　过了一阵子，有一次我不经意在公园触碰到一只停栖在栏杆扶手上的麻皮蝽成虫，手指黏附到了少量分泌物，突然觉得那味道非常熟悉，闻起来像极了芫荽这种香料植物。以往接触蝽，只觉得那浓烈的气味令人不敢恭维，从没想过少许的量闻起来会如此类似芫荽，而且不觉得臭。芫荽俗称香菜，就是那种会撒在猪血糕上的绿色叶子，也是面食里常见的佐料。那么其他人又是怎么看待这味道呢？

　　后来我陆续在海外的一些报纸杂志读到了这样的说法：有很多人不喜欢芫荽的气味，他们觉得这味道相当腥臭，甚至一闻到就会觉得恶心反胃；这当中也有人表示，这味道之所以讨厌，就是因为它很像蝽所散发出来的臭

8　纱窗上孵出荔枝蝽（*Tessaratoma papillosa*）的1龄若虫。
9　荔枝蝽将卵产在居家纱窗上。
10　荔枝蝽的臭腺发达，分泌物易引起皮肤过敏，应避免与之接触。

味！再看看芫荽的英文 Coriander，这个词正是衍生自蝽的希腊文 Koris，说明了当初命名的端倪。原来，蝽跟芫荽气味类似这件事早已不是新闻，欧洲人在千百年前就这么认为了。

入菜好滋味的虫虫香

两者气味相似的原因，主要是蝽和芫荽的气味中具有某些相同的醛类化合物。怪不得有一种蝽"九香虫"，据说加入食材炒熟，可变成一道香喷喷的养生料理，那料理本身的香气大概就类似芫荽的调味效果吧。虽然对于不喜欢芫荽的人来说，恐怕同样难以接受那味道。

11

其实，有些蝽还挺讨人喜欢的。比方说，有一种水栖性的蝽"田鳖"也可食用。田鳖在东南亚为著名的食材，加入这种食材的美食，会有一种独特的香味，很受当地人欢迎。据说早在汉朝时，古代的南越国便已将这类大田鳖作为进献给汉朝的贡品。尽管有的蝽不太受欢迎，甚至会危害农作物，但当中还是有不少对人类有益的种类。或许在众多的蝽里，仍有不少有用的资源有待我们去发掘。

11　九香虫（*Coridius chinensis*）一般以野生瓜类为食，故又有"瓜里香"之称。
12　九香虫。

12

蚜狮
与优昙花

一片绿色的空间里，上演了一场杀戮戏码。蚜狮伸出了那钳子般的口，伏击一只树叶上的木虱。木虱被紧紧咬着，渐渐失去了行动力，最终体液遭吸尽而丧命，徒留一具残骸。而这一切，就发生在一只小小的花盆中。这蚜狮究竟是怎样的生物呢？

常见的益虫——草蛉

"蚜狮"是草蛉幼虫的俗名。由于它们食量大，专门猎食小型昆虫，犹如一只尖牙利齿的猛兽，又常见以蚜虫等小昆虫为食，因此俗称蚜狮。草蛉的幼虫具有专门用来猎食的双刺吸式口器，取食时能够将之刺入猎物的身体，并将消化液注入其体内，以便吸食其体液。

尽管幼虫的外表给人一种凶残狰狞的印象，草蛉的成虫则显得轻盈纤细，看似柔软而娇弱。成虫外观常呈绿色或褐色，具有细长的腹部，以及两对光滑的翅。绿色的草蛉，看起来犹如晶莹剔透的翡翠。

在台湾不论平地或山区环境，或者农地、住宅区，都有不同种类的草蛉在这些场所生活着。一年四季都有机会找到草蛉，尤其在春季及夏季特别容易发现它们在草丛或树间活动。

草蛉幼虫有一特殊习性，它们会将行走时碰到的小碎物黏附在自己的背上，用以伪装自己。这些小碎物通常为植物碎片、吸食过的猎物尸体。因为这善于伪装的习性，加上本身体形微小，因此幼虫的外表看起来就像一团碎屑、鸟粪，平时难以让人看清它们的面貌。

---

1 亚非草蛉（*Mallada desjardinsi*）的幼虫捕食柑橘木虱。
2 一种草蛉的幼虫头部特写。
3 镰刀状的大颚是草蛉幼虫可靠的狩猎武器。
4 亚非草蛉的幼虫。

5　6

由于草蛉幼虫能捕食介壳虫、蚜虫、木虱、粉虱以及蛾类的卵等，对作物的栽培有益，因此对人类而言极有用处。尤其是那些专门吸食植物汁液的小虫子，它们当中有许多种类都是危害农作物的大害虫。

也正因为如此，草蛉成为农业上生物防治的好材料，部分种类也被商品化量产销售。中国、美国、日本及欧洲各国，都曾使用草蛉用于害虫防治，来抑制柑橘、番茄、玉米等作物上的害虫生长。

7

8

至于草蛉成虫的食性，则是因种类而异。部分种类的成虫如幼虫般同为捕食者，而有些种类长为成虫后仅以花粉或花蜜为食。

像草蛉这类捕食性的动物，必须猎捕其他种类的动物作为食物，以便自己生存下去。大自然中，这些捕食性的昆虫天敌，它们的存在也有其道理，因为借助不同物种之间的食性关系，可以控制其他生物的数量，维持食物网的平衡。

遍地开花的优昙婆罗

　　草蛉的卵，是一种令人感到惊奇的事物。大部分种类的草蛉在产卵时，会先从腹部分泌出一条丝线状的卵柄，接着再产下卵。卵本身呈椭圆形，连着这道卵柄，直立或垂挂在物体表面，成为昆虫当中与众不同的卵形态。偶尔大发生时，一条条的卵成为人类眼中的奇观。

　　草蛉卵的外形，可能是因为貌似一朵迷你版的花蕾，因此被认为与佛教经典中记载的植物"优昙花"相似，故宗教界偶有将草蛉卵误认为优昙花的新闻事件。

　　优昙花，或称优昙婆罗花，据说这种桑科植物分布在印度，三千年才开一次花。此花清新脱俗、尊爵不凡，原只见于仙界，若降临人间，象征祥瑞之兆。然而，事实上一些报纸或新闻网站随报道所附的优昙花照片，清一色是草蛉或其相近种类的卵，这误会可大了。等到这种"花"绽放了，里头可是会诞生出一只只吃荤的昆虫。

　　你曾见过这难得一见的奇景吗？只要有耐心，或许过几天你也可以亲眼看见这种常见的"花"。

5　宛如翡翠般晶莹剔透的亚非草蛉。
6　亚非草蛉的成虫外观柔软而娇弱。
7　草蛉幼虫身上总是背着一坨伪装物。
8　草蛉的茧，直径约3~3.5毫米。
9　三千年开一次的优昙婆罗花其实是草蛉的卵。
10　幼虫孵化留下的空卵壳，像不像一朵小白花？

介壳虫
的生存物语

种植盆栽的家庭，对介壳虫这类生物可能会相当熟悉。每年隔一段时间，我家便会出现一群群白色的臀纹粉蚧，聚集在一块，吸食着植物叶片、茎的汁液。它们的身体扁平，呈椭圆形，表面因布满了蜡质粉状分泌物而呈白色，看似柔软而脆弱。

日常见到的这些介壳虫族群几乎都是雌虫。由于许多介壳虫可直接进行孤雌生殖，也就是不经交尾就能产下后代，因此雄虫算是相当罕见。虽然行动缓慢，然而雌虫一生的产卵量可是高达上百粒，繁殖力相当惊人。臀纹粉蚧在产卵时会分泌大量白色如棉絮般的蜡质卵囊，将卵产于其中，新生若虫孵化后便钻出卵囊，开始在植物表面活动。许多成虫和若虫往往喜欢聚集在茎叶、枝条的交界或分支处。

介壳虫的出现，也陆续吸引其他的昆虫前来，展现了一场微型生态系统的互动。

1

1　臀纹粉蚧外观如棉絮般的蜡质卵囊。
2　臀纹粉蚧（*Planococcus* sp.）。
3　臀纹粉蚧。

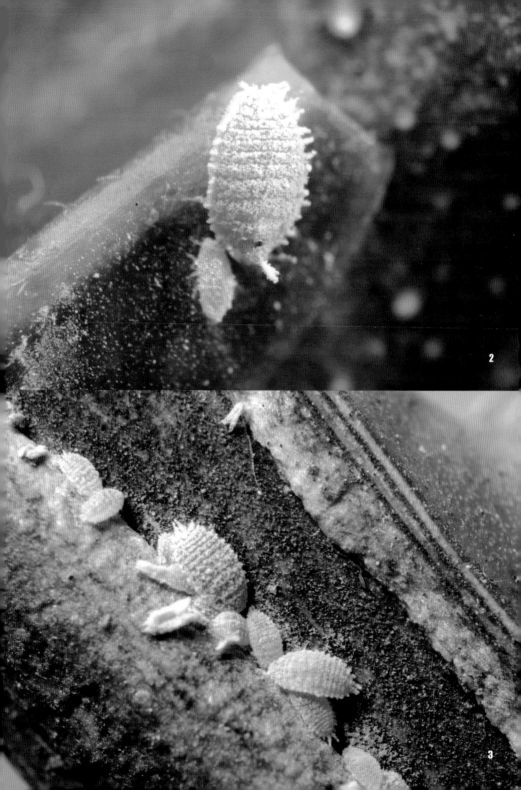

2

3

4

5

尝甜头的蚂蚁

　　首先是被介壳虫所吸引的广大头蚁，开始频繁地在介壳虫周围爬行。广大头蚁是热带与亚热带地区常见的蚂蚁，这种蚂蚁外表偏深红色，常筑巢于土壤或石缝中，偶尔也会在人类房舍中出现。广大头蚁的族群有一项明显的特色，就是它们具有工蚁和兵蚁两种阶级。围绕在介壳虫身边的多半是广大头蚁的工蚁，此外还有一种体形较大的兵蚁，但在植物上似乎较少见到。

　　部分半翅目的昆虫如介壳虫、蚜虫、粉虱等能够分泌蜜露。蚂蚁常在介壳虫周围出没，其实就是为了吸食介壳虫提供的蜜露。为了实现这样的目的，广大头蚁会照顾这群介壳虫，并协助驱赶试图接近的瓢虫或寄生蜂等介壳虫天敌。会产蜜露的昆虫，特别是蚜虫，常被比喻成"蚂蚁的乳牛"，就像人类饲养牛的情形；乳牛供应鲜乳，人类则负责照料乳牛。

　　介壳虫和蚂蚁的关系，也与蚜虫类似。所谓的"蜜露"其实是介壳虫的排泄物，只是当中仍含有许多未被消化的营养物质，包括糖类、蛋白质、矿物质、维生素等，成为蚂蚁嗜食的营养品。而蜜露中占大部分比例的物质为糖类，因此会带有甜味。不同种类的介壳虫或蚜虫，排出的蜜露成分也会略有不同。

6

然而这些蜜露在通风不良的环境常会引起俗称煤烟病的病症，这类情形通常是植物表面长出了一层绒毛状的物质，就好像抹了一层煤，其实这是因为蜜露滋生了大量真菌类。尽管真菌不会直接危害植物，但是却会妨碍植物的呼吸以及光合作用，间接造成植物生长不良，害处不小。

吃荤的瓢虫

臀纹粉蚧所吸引来的，可不只是它们的盟友，还包括了危及身家性命的天敌。在介壳虫栖息处的附近，植物的叶子上总会出现虎视眈眈的孟氏隐唇瓢虫。

这种肉食性的瓢虫，过去是为了生物防治的目的而引入中国台湾，现在已经变得极为常见。这些瓢虫嗜食介壳虫以及介壳虫的卵，常会出现在公园、校园这类环境，就连一般四五层楼高的公寓中的盆栽里都看得到它们，只要见到它们出现，几乎都是伴随着介壳虫的发生。孟氏隐唇瓢虫生性非常敏感，只要一点点动静，它们马上从枝叶上滚落，让人无法找着。它们的外表并不醒目，比起一些我们所熟知的瓢虫，除了体形小，也没有引人注目的

4　广大头蚁（*Pheidole megacephala*）的工蚁。
5　广大头蚁会照顾介壳虫，协助驱赶试图接近的瓢虫或寄生蜂等介壳虫的天敌。
6　围绕在介壳虫身边的多半是广大头蚁的工蚁。

花纹。我们可以从孟氏隐唇瓢虫的足来判断它们的性别，雄虫的第一对足为橘红色，雌虫第一对足则为黑色。

当然如果狭路相逢，广大头蚁会攻击这些试图捕杀介壳虫的瓢虫。但似乎成效不彰，可能是瓢虫的食量太大了，行动力又强，通常几只瓢虫来访后，过没几周，介壳虫大军便几乎消失无踪，大概都让瓢虫给吃光了。之后再过几个月，介壳虫总会再自动冒出来，并且又重复引来蚂蚁与瓢虫。

介壳虫是个庞大的家族，它们种类繁多、形态各异。因为有部分种类的介壳虫会固着在植物表面，也就是把身体固定在选定的位置，大半辈子不移动，外表包覆着一层蜡质的"介壳"，所以这群生物因此得名介壳虫。虽然许多介壳虫是不少树木或花卉上的害虫，其实也有某些种类的介壳虫具有商业价值。例如有一种取食仙人掌的介壳虫"胭脂虫"，原产于中南美洲，采收后萃取之，可以从虫身获得红色颜料"洋红"的原料。女性爱用化妆品中，某些鲜艳色料的成分可能就是来自该种介壳虫。

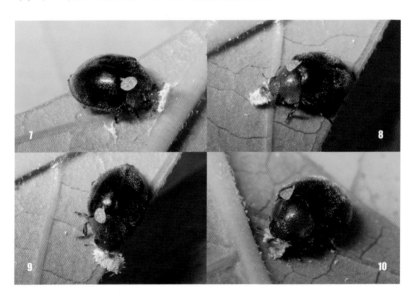

7　孟氏隐唇瓢虫（*Cryptolaemus montrouzieri*）正在捕食臀纹粉蚧。
8　孟氏隐唇瓢虫成虫的体长约3.8~4.5毫米。
9　植物的叶子上总会出现对介壳虫虎视眈眈的孟氏隐唇瓢虫。
10　孟氏隐唇瓢虫嗜食介壳虫以及介壳虫的卵。

Chapter 3

蝴蝶
伴你我

在自家观察凤蝶

你曾在自家阳台见过蝴蝶吗？有种蝴蝶专门造访人群聚集之处，"蝶"迹遍及台湾北中南，甚至在都市里反而比郊外更容易见其芳踪，它们就是阳台上最引人目光的"达摩"。

达摩凤蝶又称"无尾凤蝶"，它们可说是最接近都市、最靠近你我周遭的蝴蝶。如果有人问我台湾都市里哪种蝴蝶最具代表性，我的答案肯定就是达摩凤蝶。它们广泛生活在

平地、低海拔地区，几乎四季都可以见到，相信很多人都曾见过它们。观察昆虫可不一定要到户外，只要住宅周遭有适合的环境，有时它们可是会主动找上门来的。

1 达摩凤蝶（*Papilio demoleus*）是最靠近你我周遭的蝴蝶。
2 翅膀上黑白相间的花纹，配上些许橙色、蓝紫色的色块，仿佛一身华丽的衣饰。
3 观赏性的开花植物，偶尔也可见达摩凤蝶为吸食花蜜而出现。
4 社区公园里的花卉或野草，有时能见到达摩凤蝶前来访花。

卵　5
1龄幼虫　6
2龄幼虫　7
3龄幼虫　8
4龄幼虫　9
5龄幼虫　10

　　"凤蝶"是一群美丽的大型蝴蝶。常见的凤蝶通常翅膀宽阔，体形大而艳丽。看看它们翅膀上黑白相间的花纹，配上些许橙色、蓝紫色的色块，仿佛一身华丽的衣饰。此外，许多凤蝶的后翅具有貌似尾巴的突起物，但达摩凤蝶则属例外，这也是为什么它们又俗称"无尾凤蝶"的原因。

观察达摩凤蝶的一生

　　哪些地方容易见到它们呢？和它们有些接触经验的人可能会知道，通常在阳台种植花花草草的人家，时常有机会见到这些家伙。这是因为它们的出现，其实主要是受其幼虫的食物——柑橘类植物——吸引而前来产卵，延续薪火相传的使命。因此，在住宅阳台若栽植了金橘、柠檬、柚子等的盆栽，或者一些花卉，就非常容易吸引达摩凤蝶前来。此外，家中栽种一些观赏性的开花植物，它们偶尔也会为吸食花蜜而出现。

　　别看它的体形硕大，飞行的技术可不差，若翩翩飞舞的达摩凤蝶来访，当你欲上前看个仔细或是徒手捕捉，它往往一溜烟就飞离了你的视线。尽管它们往往都是短暂停留，又匆匆离去，不过所留下的后代将会在庭院里慢慢长大。

　　一旦偶然发现达摩凤蝶出现在阳台，我们便可以试着看看树叶上是否有它们的卵，隔几天后也可再找找是否有幼虫出现。有兴趣的话，还可以进一

蛹　　　　　　　　　　　　　　成虫

11　　　　　　　　　　　　　　12

步地观察，看看它们一生的变化。当然这里指的树叶是柑橘类的叶子。若想要观察或记录它们的生活史，你可以直接在盆栽上进行，或是挑选一两只幼虫，并准备好足够的嫩叶，放在简易容器里进行饲养。只要肯用心观察它们，就有机会目睹毛毛虫成长为蝴蝶的奥妙过程。因为不需要花钱购买，又极容易饲养，它们简直是最棒的生物入门教材！

达摩凤蝶一生历经卵、幼虫、蛹、成虫四个阶段。黄色球状的卵，直径只有约1毫米长，雌蝶产下卵后，幼虫在几天后便会陆续孵化。我们可以发现，这些幼虫有两种外观，首先是黑底带有白色条纹，像极了鸟粪；另外一种，则是体形较大的绿色幼虫。在成长到一定程度后，将会步入蛹期。幼虫化蛹前会吐丝把身体固定在枝条上，随后化蛹。最后便是羽化为成虫，也就是蝴蝶的阶段。

昆虫在幼虫的时期是以"龄期"作为衡量年龄的依据。刚出生的幼虫为"1龄"，之后每蜕一次皮便会增加一个龄期；龄期的概念有些类似我们所谓的年龄，但是时间的尺度上短得多。达摩凤蝶幼虫共有5个龄期，1到4龄时皆是黑白鸟粪状，到5龄时则会摇身一变，成为绿色外表的毛毛虫。

5-12　达摩凤蝶的一生，这样的过程我们可以在盆栽上观察到。卵直径约1毫米，1龄幼虫体长约2.5~3毫米，5龄幼虫体长约4~4.5厘米。

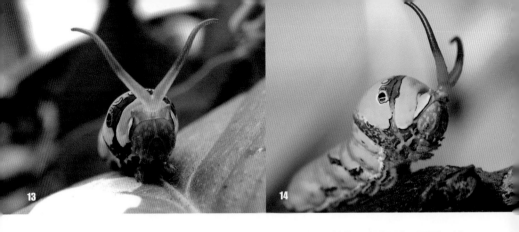

13　　　　　　　　　　　　　14

达摩凤蝶的整个幼虫阶段只需约两到三个星期，蛹期一般短则一两周，长则不超过两个月。成长期随温度高低而不同，天气温暖的时候发育较快，冷的时候则长得较慢，快的话在夏天约一个月就可以见证由卵到蝴蝶的整个过程。

吓退敌人的臭角

第一次接触达摩凤蝶幼虫的人，可能会被它们胸前那特别的"臭角"给吓一跳，而这也是幼虫最有趣的地方之一。

臭角的颜色鲜明而且带有臭味，是许多凤蝶幼虫特有的防御器官。凤蝶类的幼虫可以将它们所吃下的植物性成分在体内合成具有特殊气味的酸性物质。这些物质被贮存在臭角里，每当受到惊吓或攻击时，它们便会翻出这个构造，散发出不好闻的异味，借以达到吓退、驱赶敌人的目的。不过平时的它们，会将这构造隐蔽起来，必要时才会即时露出。臭角平时收折在体内，使用时借由灌入体液而膨胀，就好像是在吹气球一样。伸出臭角时，它们也往往会由口部吐出一些肠道内的液体，让天敌感到恶心，以增加驱赶的效果。

蛹的生与死

达摩凤蝶的蛹也有一些特别的地方。它们的蛹分绿色、褐色两种，我们常常可以发现，通常绿色枝条上出现的蛹会呈绿色，但蛹若是位在偏褐色的树干上则呈褐色。其实它们是根据化蛹场所的触感来决定变成什么颜色的蛹，比较光滑的表面造就绿色的蛹，粗糙的表面则造就褐色的蛹。有机会可以观察看看，在墙壁上的蛹会是什么颜色？

当然在自然界中，达摩凤蝶也是有天敌的。特别是在蛹期的时候，遭遇寄生蜂寄生的情形很常见。虽然这些寄生性的蜂类，因体形极小而不易让人注意到，不过我们常有机会见到那些因被寄生而死亡的蝶蛹。如果发觉树上的蛹过了很久都没有羽化，颜色又变得怪怪的，那么这个蛹可能是被寄生了。

一些寄生蜂会将后代产在蛹体内，让自己的后代一边取食虫体一边成长，被寄生的蛹则逐渐衰弱、死亡。那些新生寄生蜂长大后便会离去，死去的蛹几乎只剩下一层空壳，表面则会留下一个洞。其实不只是蛹，幼虫被天敌捕食的概率也不低。住宅区常见的鸟类——如白头鹎——常会飞到住家阳台来猎捕幼虫，然而因为鸟类的动作非常敏捷，不容易让我们发现，我们往往只会觉得许多幼虫突然消失了，其实这多半是给鸟儿吃到肚子里了。如此弱肉强食的生态，就好像社会一样的写实，然而自然界就是这样，除非是人为的饲养，任何一个物种的生长过程，往往是险象环生，随时有死亡的可能。这似乎是在告诉我们，没有完美的生命，现实也没有想象中那样美好。

13 第一次接触达摩凤蝶幼虫的人，可能会被它们胸前那特别的"臭角"给吓一跳。
14 幼虫的臭角平常是藏起来的，受到惊吓时才会翻出。
15 被寄生的达摩凤蝶蛹，表面留下的小洞是寄生蜂羽化后钻出所造成的。
16 蛹里面的组织已被啃食殆尽，徒留空壳。
17 蝶蛹金小蜂（*Pteromalus puparum*），体长约3~3.5毫米，这种寄生性的蜂类常造成达摩凤蝶蛹的死亡。
18 一只初羽化的蝶蛹金小蜂，刚从达摩凤蝶的蛹中钻出来。

达摩凤蝶的化蛹过程

幼虫经历了多次蜕皮，终于长成终龄幼虫。而当终龄幼虫成熟时，它将会停止进食，准备变成蛹了。此时会有一明显的征兆，即排出大量的潮湿粪便。这是因为许多凤蝶在化蛹前会先将体内的粪便以及多余的水分排出，因此当发现终龄幼虫像拉肚子一样，排出许多混合着液体的粪便时，就表示它不久之后便要化蛹了。

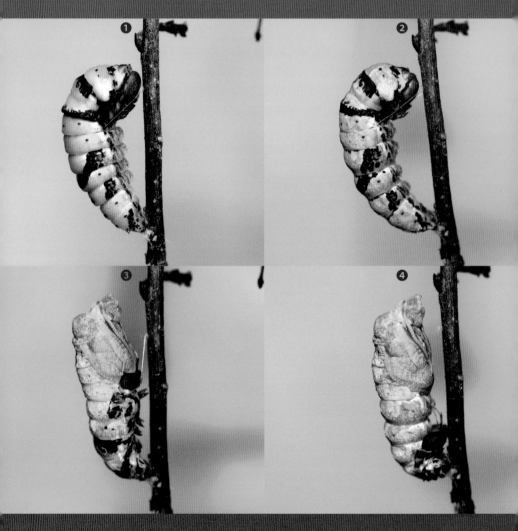

之后，它会开始四处爬行，找寻适当的化蛹场所，这些场所包括寄主植物本身或其周围隐蔽的枝条。当达摩凤蝶幼虫选定了化蛹的地点，幼虫接着便吐丝固定住自己的身体，蜕去旧皮，转变成蛹的模样。

刚蜕完皮的身体相当柔软脆弱，一段时间后，才会逐渐硬化定型，完成化蛹。大部分昆虫在蛹期是几乎不活动的，通常仅有腹部能略微活动。

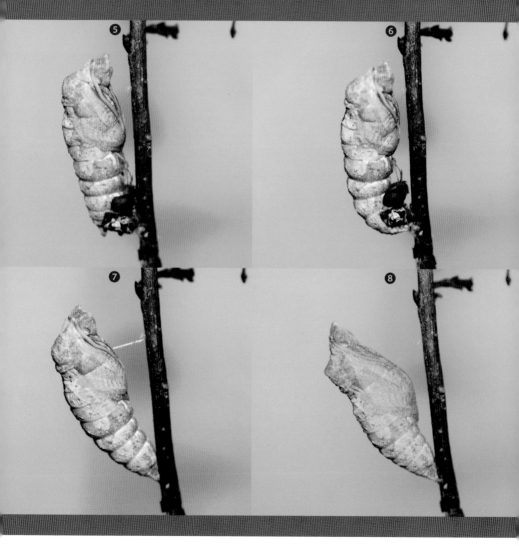

达摩凤蝶的羽化过程

　　蝴蝶羽化的过程非常有趣，然而初次饲养达摩凤蝶的人，可能会觉得羽化的时机不容易掌握。不过若想亲眼见证羽化过程，我们可以从蛹的外观来判断，首先是颜色是否变深了。

　　当成体发育即将成熟，蛹的外观便会渐渐透出发育中成虫的体色，尤其若隐若现的翅膀的花纹往往特别明显。此时，犹如成虫的躯体藏在一只略呈透明的蛹壳中。当体色随着时日逐渐转深，意味着离羽化的日子也愈来愈近。

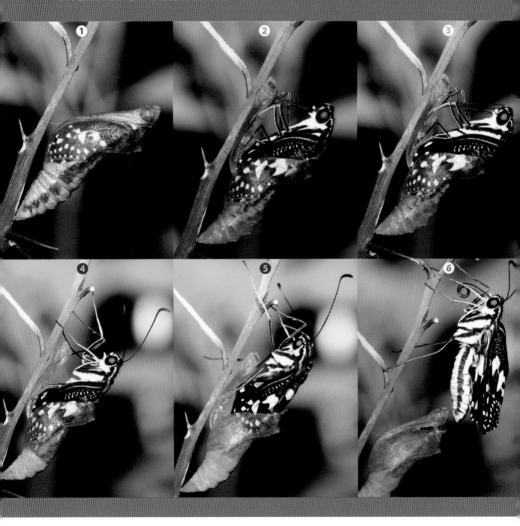

当达摩凤蝶成虫组织发育完成，成虫随即突破蛹壳羽化。脱离蛹壳的瞬间，通常发生在夜间或清晨，因此在白天通常不容易目睹这样的过程。初羽化的成虫会攀附在蛹旁的合适位置，将体液填充到翅膀中，并借由重力的作用，伸展皱巴巴的翅膀。待翅伸展完全，静待一段时间使其硬化定型，始能展翅飞行。在成虫脱离蛹的同时，往往会伴随着从腹部排出一些深色液体，此为蛹期所累积的代谢废物，称为"蛹便"。

漫游
城市间的
小蝴蝶

每当走进公园里，草地上偶尔可以见到灰色的小型蝴蝶，它们多半是这种名为酢浆灰蝶的蝴蝶。有时在住宅区栽有植物的地方，也有机会见到这些蝴蝶的身影。我小时候自家楼下的停车场里有一些花台，那儿便常有这种小型蝶类出没，因此我童年时常追逐这些蝴蝶。它们飞行的速度不会太快，尤其每当停下来访花吸蜜时，很容易让人靠近观察。

都会现踪

在台湾，酢浆灰蝶的成虫在都市绿地里几乎全年可见。外形袖珍的它们，喜欢在光线充足的草丛间贴近地面飞行，同时造访小花吸取花蜜。特别

2

是在学校、公园这类环境里的草坪上尤其常见。酢浆灰蝶广泛分布于中国，其中于台湾全岛平地至低中海拔地区可见，其他地区如中亚至印度、朝鲜半岛、日本等地也有分布。

　　酢浆灰蝶的触角上具有黑白相间的环纹，灰色的翅膀上有许多斑点，翅边缘有白色的微毛。它们与相似种类之间可依这些翅膀上斑点的排列来区分。它们被称为"酢浆灰蝶"，主要是因为它们的翅膀背侧在阳光下具有浅蓝色光泽的缘故；细看这些光泽，雄性又较雌性更为明显。

1　刚羽化不久的酢浆灰蝶（*Pseudozizeeria maha*）。
2　一只停在校园草地上的酢浆灰蝶。

3

4

现代化都市社区中的绿地，除了可供人们休憩、放松心情，也为酢浆灰蝶提供了栖息的环境。它们之所以在公园、校区中常见，也与其赖以维生的寄主植物—酢浆草—的分布有关。

追逐幸运的蝶

酢浆草（或称酢酱草）这类植物是在草地上几乎随处可见的野草，这些多年生的草本植物，想必大家对它并不陌生吧？酢浆草的叶柄顶部长有三片倒心形的小叶子，非常容易让人留下深刻的印象；也有人相信，若能找到四片叶子的酢浆草能够带来幸运。常见的种类有酢浆草以及另一种体形较大的紫花酢浆草。除了大小的差异，从名字便可得知，这两种植物也可由紫色或黄色的花来区别。然而并非两种酢浆草都是酢浆灰蝶的寄主植物，酢浆灰蝶幼虫专门以酢浆草为食，并不取食紫花酢浆草。

酢浆草在都市的族群庞大，这些植物甚至比在荒野地区更占优势。它们的生命力强，且由于匍匐在地面上蔓延的特性，能够在草地上扩散繁衍。因此这种庞大的草本植物确保了酢浆灰蝶幼虫充足的食物来源。而酢浆草的果实在成熟之后，会裂开并弹射出种子，这样的特性也能够让种子散布得更广更远。

通常居家种植的盆栽中，花盆里头也常长出不少的酢浆草。这时你可能会发现有一种特殊的现象，这些酢浆草怎么常常长出来没多久就干枯一片。

3　　一对正在交尾中的酢浆灰蝶。
4　　酢浆灰蝶正在吸食咸丰草的花蜜。
5　　酢浆草（*Oxalis corniculata*）。
6　　在低温季节时，酢浆灰蝶翅上的斑纹会淡化，变得比较不容易辨识。

明明没有除草，这些杂草长出来不久总是莫名地消失。再仔细瞧瞧，原来酢浆草的叶子都让某种生物给吃掉了，少许残留的叶子上还可以找到咬痕。而这吃酢浆草的生物，当然就是酢浆灰蝶啰！也就是说，说不定你家中的花盆里，正藏着几只酢浆灰蝶的幼虫呢。

和蚂蚁当好朋友

　　酢浆灰蝶总是将卵产在酢浆草的叶子上。生活于其上的幼虫，由于它们的体形实在非常微小，很不容易让人察觉。如果有兴趣，不妨任意选一丛酢浆草试着找看看。就算一时之间找不到虫，应该也能找到不少幼虫啃食叶片留下的食痕，这可以作为找虫的线索。它们的幼虫呈绿色或褐色，体短而扁，终龄时体形较大，较容易被人发现。酢浆灰蝶的卵，直径只有约0.4~0.5毫米那么点大，必须耐心些，这样的尺度可大大考验着人类的观察力。

　　值得一提的是，酢浆灰蝶的幼虫与蚂蚁之间，具有特殊的共生行为。由于其幼虫的腹部具有独特的腺体，这构造让它们能够运用自身的养分，分泌

7　酢浆灰蝶的蛹。

8　在一只花盆上发现的酢浆灰蝶4龄幼虫，以及四只与之共生的广大头蚁。这只幼虫体长约0.9厘米；右上角体形较大者为广大头蚁兵蚁，另三只为工蚁。

9　酢浆灰蝶的卵，外观呈扁圆形，一般会产在酢浆草的叶片上。这颗卵的直径约0.5毫米。

10　刚孵化的酢浆灰蝶1龄幼虫。

11　蝴蝶的触角末端较粗，形态有如球棒，称为"棍棒状"触角。但以触角来判断蝶或蛾，只适用台湾地区所产的种类。

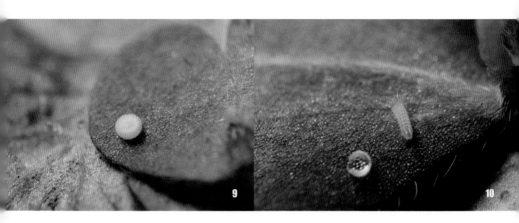

9   10

出具有甜味的蜜露，因此能吸引蚂蚁前来食用。蚂蚁则以保护它们作为回报，让酢浆灰蝶幼虫免于遭受天敌的捕食。不过酢浆灰蝶和蚂蚁间的共生关系并非绝对，若在没有蚂蚁的情况下，它们往往也能顺利成长。

有时也可见到单独的酢浆灰蝶成虫，飞到居家处所停下，或者雌性个体前来寻找盆栽边的酢浆草产卵。这时若守在地面、窗边观察，便有机会观察到酢浆灰蝶吸食花蜜以及产卵的过程。

蝶与蛾的界限

蝴蝶与蛾应该如何区分呢？一般蝶类与蛾类成虫的区别为：蝶类的触角为棍棒状，通常外表鲜艳，静止时翅竖起；大多于白天活动。蛾类的触角则呈羽状、丝状或其他形式，外表较暗淡，静止时翅平展；多半为夜行性或在晨昏活动。

不过，这些区分法其实常有例外，有部分蝶类的外观较朴素，蛾类中也有色彩亮丽的种类。蝶类中也有少数在夜晚活动的种类，如蕉弄蝶；而蛾类中亦有白天活动的种类。有些蝶类停栖时翅膀并不直立背上，而蛾类中也有静止时翅膀是直立的种类。

尽管大众常认为蝴蝶和蛾的差异明显，事实上"蝶""蛾"之间，在现代分类学上并没有"非常明确"的界限。它们在分类上是亲缘关系非常接近的昆虫。

11

巷弄里的 红色蝶卵

庭园造景中常见的棕竹，是一种少有病虫害发生的植物。虽然是外地引进的树种，但因为广受欢迎，现今在台湾地区已颇为常见。这次我们便来看看一种会出现在都市里跟棕竹有关的蝴蝶。

尽管一般认为少有虫会去吃这种植物，

但其实在一些室外栽培的棕竹，或是它的盆栽上，时常可以发现素弄蝶的卵——一种半球形的颗粒。这类卵是红褐色，表面有许多白色的波浪状条纹，看起来就像一个迷你又精致的草莓蛋糕。尤其雌蝶刚产下卵时，这时候

1　访花吸蜜的素弄蝶（*Suastus gremius*）。
2　素弄蝶的卵呈半球形。
3　尽管阳台盆栽的叶子上布满灰尘，素弄蝶仍能产卵于此。
4　有着一双大眼睛的素弄蝶。

5

的卵颜色最红、最鲜艳，过一阵子后颜色会稍转淡，变得红白分明。

不过它毕竟是颗虫卵，跟现实中的蛋糕比起来，尺寸当然是小得多啰。素弄蝶的卵，直径只有约1.3~1.8毫米。值得一提的是，它在都市中就可以找到，市区里的小巷子、公园，甚至居家庭院，注意一下身边的棕竹，或许就会有所发现。

小时惊艳但长大低调

这卵的主人长什么样子呢？虽然身为蝴蝶，又有蛋糕般外形的卵，但是跟一些"明星"物种比起来，它们成体的外表可能稍显朴素了些。素弄蝶成虫外观底色是灰褐色，后翅腹面有约4~6枚黑色斑点，这是它们的主要特征；因后翅的黑斑，它们又被称为"黑星"弄蝶。此外，在前翅背面、腹面则可见约7枚白斑。

素弄蝶生活在平地至低海拔地区，适应力强，郊野和城市中皆有分布，是相当常见的蝴蝶。或许不少人曾经见过这些卵，然而却似乎从未看过它们的成虫现身，这是何故？这多半是因为成虫本身色彩较不显眼，体形小，同时它们的飞行能力也不错，行动敏捷。相较于它们的卵，成虫在城市里反而不太容易被人察觉到。

素弄蝶几乎一年四季皆有发生，想亲眼看看它们的成虫，不妨在公园、校园中的草坪找找，其实草地上见到的概率可不低。若有机会到山上走走，也可以稍微留意山路或向阳处的植物丛中的野花，说不定有机会见到正在访花、晒日光浴的成虫。

细心观察的小惊喜

每当发现了红褐色的卵，叶子上往往也可观察到一些遭啃食的痕迹，这就代表除了零星的卵粒外，周围很可能有素弄蝶的幼虫或蛹。虽然幼虫也很常见，但因为它们有造虫巢的习性，会吐丝将叶子的一角反折，使之成为略呈筒状的虫巢，幼虫躲在其中，不知情的人往往不太会留意到它们。虫巢的隐蔽效果极佳，若不把叶片上反折的部位翻开，外观乍看之下只是寻常的叶

5　停栖在向阳处的素弄蝶成虫。
6　素弄蝶的 1 龄幼虫。
7　棕竹（*Rhapis excelsa*）的叶子上有被虫啃食过的痕迹。
8　素弄蝶的终龄幼虫。
9　鱼骨葵（*Arenga tremula*）上的素弄蝶虫巢，幼虫藏在其中。

子罢了，而它们大多也只有当需要进食时才会离开虫巢。不过只要大略知道它们的习性，这些幼虫倒也不难找。

素弄蝶的1龄、2龄幼虫体形细小，体色和它们的卵较接近，为鲜明的红色。不过等到龄期稍长后，便不再呈红色，而会转变为浅绿色的外观。终龄幼虫的外表浅绿，胸、腹部背侧中央有一条深绿色的长条纹。终龄幼虫发育成熟后，即会在巢中化蛹，因此蛹本身也是藏在虫巢里的。

除了人们大量栽培的棕竹之外，还有许多棕榈科的植物也是素弄蝶的寄主植物。引进的棕榈科观赏植物，常见者如散尾葵、酒瓶椰子、蒲葵、刺葵等棕榈科园艺树种，当然，在它们的叶子上都有机会找到素弄蝶的卵。另外，在户外山区，野生的棕榈科植物，如鱼骨葵、台湾海枣，我们也常能发现素弄蝶的卵或幼虫。

当一棵树上有少数几只的素弄蝶幼虫出没，通常对植物本身不会造成多大的危害，往往只是造成叶片的部分缺损。如能熟记这些卵、幼虫的外观，在住宅区或校园里观察，即可追踪它们的生长过程，倒也是不错的生物教材。

---

10 素弄蝶的寄主植物之一，鱼骨葵是常见的野生棕榈科植物。

11 素弄蝶的寄主植物之一，刺葵（*Phoenix loureirii*）。此为栽培种庭园树木。

12 素弄蝶的寄主植物之一，蒲葵（*Livistona chinensis*）。常见的庭园树木。

公园绿地的常见蝴蝶 ——— 翠袖锯眼蝶

又称紫蛇目蝶，其幼虫的寄主植物和素弄蝶大致相同，它们同样是以棕榈科植物为食的蝴蝶，因此会在种植这类树种的都市环境中活动。公园里的棕竹有时可以发现它们的幼虫。然而紫蛇目蝶成虫喜欢在阴暗的环境活动，不同于偏好向阳环境的素弄蝶。

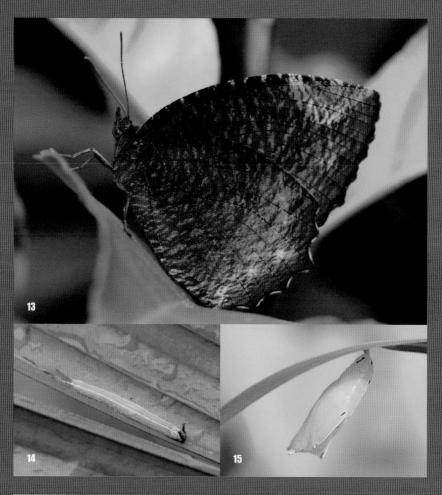

13
14   **15**

13　翠袖锯眼蝶（*Elymnias hypermnestra*）成虫。
14　棕竹上的翠袖锯眼蝶幼虫。
15　翠袖锯眼蝶的蛹。

公园绿地的常见蝴蝶 —— 青凤蝶

又称青带凤蝶，幼虫以樟科的植物为食，包括常见的樟树、土肉桂等。都市里广泛栽植或作为行道树的樟树，叶子上偶尔便能发现青凤蝶的幼虫，甚至见到成虫前来产卵。郊外溪谷也常能见到成虫停在水边吸水。

16-17　青凤蝶（*Graphium sarpedon*）成虫。
18　樟树叶子上的青凤蝶幼虫。
19　青凤蝶的蛹。

公园绿地的常见蝴蝶 —— 金斑蝶

　　已知其寄主植物为马利筋、钉头果这两种萝藦科的园艺植物。马利筋是公园绿地中很常见的植物，所以在公园里常有机会见到它们。

20 金斑蝶（*Danaus chrysippus*）成虫。
21 金斑蝶的幼虫出现在马利筋（*Asclepias curassavica*）上。
22 金斑蝶的寄主植物，钉头果（*Gomphocarpus fruticosus*）。
23 金斑蝶的寄主植物，马利筋。

满身刺的
毛毛虫

水金京是一种常见的木本植物，分布在台湾地区与琉球群岛的低海拔地区的阔叶林中，分类上属茜草科水锦树属。由于它并非经济树种，要在自然环境中才可见到，不过在市区旁的小山或一些自然公园里很常见。而且因为其木材质地坚硬，一些台湾少数民族曾将其枝干用于建材、薪材或制作简易工具。

夏天的水金京，叶子上常散布着许多虫咬的明显缺口，有些痕迹沿着边缘，类似蝶蛾类幼虫的咬痕。如果在有明显咬痕的叶子上寻找，也许可以发现一种以水金京为食的毛毛虫。它的外表没有明显的毛，反而长着许多尖锐的棘刺。

1　终龄幼虫顶着一列列短刺的头部，以及一身又尖又硬的刺状突起，虽然看来难以亲近，但其实它对人无害。

2　新月带蛱蝶（*Athyma selenophora*）的终龄幼虫外表翠绿，长有橘红色的刺。

3　新月带蛱蝶的2龄幼虫。

4　水金京（*Wendlandia formosana*）是低海拔地区的常见植物。

5　水金京在市区旁的小山或一些自然公园里相当常见。

6

它就是新月带蛱蝶的幼虫。新月带蛱蝶或称单带蛱蝶，它们的终龄幼虫有着绿色的身体、橙红色的刺棘，腹部背侧通常具有一深色的大斑块，体长最长约4厘米；整个身躯色彩鲜明，就像一串长满刺的藤蔓。顶着一列列短

7

8

刺的头部，有如一面坚固的盾牌。这一身又尖又硬的刺状突起，虽然看来难以亲近，但其实它本身对人无害。当它们感觉受到骚扰时，只会拱起身体，并把头部往下弯，静止不动，不具有攻击性。

此外，新月带蛱蝶的幼虫还是个出色的建筑师。它所使用的建筑材料很特别，是自己的粪便！新月带蛱蝶的幼虫在终龄以前，外观体色较深，不似终龄时期的翠绿色；这些较早龄的幼虫，具有制作伪装物的习性。

9

　　低龄幼虫，通常是1至4龄幼虫，它们摄食后，往往会留下叶子的中脉，成为一条长长的线状体。接着幼虫会慢慢吐丝，耐心地将自己的粪便用丝缠绕，固定在这条叶子中脉的附近，这些粪便遂集合在一起，形成类似塔状的伪装物，称为"粪巢"或"粪塔"。幼虫因体色与粪便相仿，且惯于栖息在这些伪装物的周围，能够借此混淆天敌的双眼。远远一看，这些粪便还真有点像它们的形体。如果我们在叶子上发现由一粒粒粪便堆起而构成的粪巢，便有机会找到一旁的幼虫。

　　一旦成长至终龄后，幼虫体色就转为与叶子颜色接近的绿色系，逐渐不再以粪便装扮自己，而是直接在叶子表面栖息。新月带蛱蝶的卵及蛹，外观也相当精致且特别。成虫通常会将卵产在叶子的边缘，卵上具有细小的刺及许多六角形的凹陷。蛹为淡褐色，具有金属光泽，与幼虫阶段差异相当大，

6　　新月带蛱蝶幼虫，与一旁的粪便伪装物。此为刚进入终龄的新月带蛱蝶幼虫，外表为浅褐色。
7　　新月带蛱蝶幼虫头部特写。
8　　新月带蛱蝶幼虫的背侧特写。
9　　新月带蛱蝶的蛹。

常可见于寄主植物的叶背。

新月带蛱蝶的成虫几乎全年可见。雄蝶翅膀的背侧有一条明显的粗白色带状斑纹；雌蝶的翅背侧则具有三条较细的白带，纹路与雄蝶不同。因雌雄有着不同的斑纹，所以又被称为"异纹带蛱蝶"。因为新月带蛱蝶雄成虫背侧的斑纹让人印象深刻，所以它们又俗称为"单带蛱蝶"。

新月带蛱蝶成虫除了以花蜜为食，也吸食腐果、树液，常见于低、中海拔山区，夏秋季尤其常见。

新月带蛱蝶幼虫的寄主植物，除了水金京以外，常见的还有茜草科水锦树属的水锦树、风箱树属的风箱树，以及玉叶金花属、钩藤属的植物。在悠悠山林里，如果见到了这些植物，不妨试着观察叶片，也许有机会发现长着刺的幼虫，以及其金黄色的蛹喔！

10 新月带蛱蝶的卵，直径约0.9~1毫米。
11 新月带蛱蝶雄虫。由于雌雄翅上的花纹不同，故又名异纹带蛱蝶。
12 新月带蛱蝶雌虫。
13 新月带蛱蝶雌虫侧面观。

柑橘树上的
蝶宝宝

循着柑橘树上的食痕探索，在树枝的末梢与肥滋滋的可爱毛毛虫打了照面。一身翠绿的打扮，让自己能藏匿在绿叶间，真是完美的保护色。为了想靠近看个仔细，不经意的触碰使得几根枝条晃动，也让它受到了惊吓。顷刻间，一组鲜明的"V"形肉条迅速从虫子身上弹出、膨胀，同时一股浓郁的腥臭味在空气中弥漫开来。

这醒目的肉条，可是它的一项拿手绝活。当这类毛毛虫身体遭到触碰，或者感到生命遭到威胁，受惊的它随即会高举头、胸部，并伸出此种散发异味被称为"臭角"的特异构造进行自卫。挥舞着臭角的同时，身体姿态也颇像吐着信的蛇。

这臭臭的孩子，是凤蝶的幼虫。

柑橘树是摇篮也是奶妈

所谓的"柑橘类"植物为芸香科植物当中的部分种类，通常是指柑橘属、枳属、金橘属等类别的植物；有些柑橘类植物是野生的，而人为栽植的植株也颇为常见。这当中有不少种类是常见的果树，包括橘子、柚、金橘、柠檬，许多人应该对它们并不陌生。这里要介绍的，就是那些常会伴随着柑橘类植物出现的凤蝶幼虫，也就是一群蝴蝶小时候的样子。

在平地至低海拔地区，有几种以柑橘类为寄主植物的凤蝶，特别是美凤蝶、蓝凤蝶、玉带凤蝶、达摩凤蝶（无尾凤蝶），是我们在公园绿地或近郊

---

1 金橘树上的美凤蝶幼虫，正伸出它的臭角。

2-5 许多种类的凤蝶幼虫在终龄以前外观貌似鸟粪，且不同种类相似度高，分辨起来较不容易。图为四种凤蝶的4龄幼虫外观。

环境有机会见到的种类。这些凤蝶的成虫，会主动搜寻合适的寄主植物，并将卵产于枝叶上，于是幼虫便在树上成长，我们往往不难找到在叶子上活动的幼虫。

前述的这些凤蝶在分类上皆属于鳞翅目的凤蝶科、凤蝶属，幼虫彼此具有相似的外表。其中达摩凤蝶在都市里的楼房与公寓周围也极常见，而蓝凤蝶、玉带凤蝶我们偶尔也有机会在住宅的庭院见到。唯美凤蝶一般在住宅区是很难见到的，但它们在野外或公园、校园里出现的机会可是非常高。

这些在柑橘类植物上的凤蝶幼虫，早期（一般1至4龄时）外表通常较不起眼，大多呈褐色或深绿色而带有白条纹，貌似丑陋的鸟粪。然而当龄期稍长，至终龄（5龄）时，幼虫的身体则会转为鲜绿色的外观。此时的凤蝶宝宝，身上已有了专属的"记号"，虽然彼此间外表相似，不过我们仍然可以从幼虫身上的斑纹类型来进行区分。

"虫皮画布"比一比

同样都是绿色的毛毛虫，它们的外表有什么差别呢？我们可以从颜色、图案的样式来着手。一般来说，美凤蝶的终龄幼虫，腹部的花纹主要为白色，有时会偏绿。蓝凤蝶的终龄幼虫，腹部花纹是咖啡色的，并且呈两道连

美凤蝶　　　　　蓝凤蝶

6　　　　7

贯的线段。所以，假如我们某天在公园里的一棵柚子树上，见到具有白色条带的毛毛虫，通常很有可能就是美凤蝶幼虫；若毛毛虫身上是咖啡色的条纹，并且条纹左右相连，则多半为蓝凤蝶幼虫。

而在都市、野外均能见到的达摩凤蝶，终龄幼虫腹部花纹则常偏向黑色，偶尔呈深褐色，身体末端背侧往往具有1~3对的对称斑点；此外其胸部约第二节的斑纹会向下延伸，可以此特征与其他常见的凤蝶区分。中、低海拔地区可以见到的玉带凤蝶，其终龄幼虫腹部花纹常呈黑色，而背侧具有1对形状不规则的斑点。

谁敢惹我？臭角伺候！

臭角是凤蝶类幼虫特有的防御构造，那么它闻起来究竟是什么样的味道？以柑橘类为食的幼虫，臭角所散发的是浓郁而类似柑橘般的气味。这是因为幼虫所食用植物的代谢物质，在体内经化学反应后贮存于臭角内，累积到一定程度便产生刺鼻的味道。一旦受到骚扰，幼虫便将带有特殊气味的臭角自头部后方伸出，驱赶天敌；此外它们也会一并从嘴里吐出肠道内的汁

6-9　柑橘类植物上常见凤蝶的终龄幼虫，包括美凤蝶、蓝凤蝶、达摩凤蝶、玉带凤蝶。终龄时的幼虫具备独特花纹，因此我们可以用花纹来判断它们的种类。

达摩凤蝶

玉带凤蝶

8

9

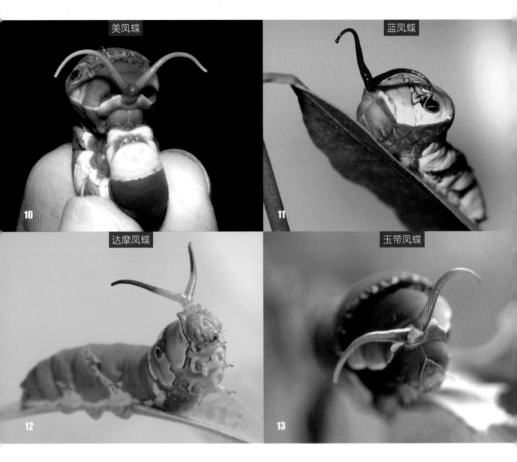

液，配合着气味一起驱敌。

令人惊讶的是，臭角的颜色如同身体表面的花纹，也会因种类而有所不同。美凤蝶的臭角为橘黄色，玉带凤蝶、蓝凤蝶的臭角偏紫红色，至于达摩凤蝶的臭角，则不同于前面的"单色系"，达摩凤蝶的臭角是红橙两色的：上半段红色，下半段橙色。此外，臭角为幼虫所独有，成虫阶段并无此构造；如果臭角在特殊情况下受伤或断裂了，通常不会影响到发育，该幼虫仍能正常长大。

10-13 色彩缤纷的臭角！美凤蝶具有橘黄色臭角，玉带凤蝶与蓝凤蝶具有紫红色臭角，达摩凤蝶则具有"上红下橙"的双色臭角。

不过，以臭角威吓的招式其实并非总是管用，凤蝶幼虫仍时常面临天敌的威胁。例如在住宅区常见的达摩凤蝶幼虫，经常成为鸟儿的食物；野外的美凤蝶，常因马蜂、寄生蜂等的攻击而死亡。

毛虫长大变美蝶

尽管自然界里天敌与各种灾害环伺，一些顺利成长的个体在历经蛹期、羽化后，终将摇身一变成为成虫，在一生中最后的阶段展翅飞翔。

在各种蝴蝶里，凤蝶属于体形较大的一群。大多数凤蝶成虫，身体以

14-17 四种凤蝶的蛹。以柑橘类为寄主植物的凤蝶，蛹通常为绿色或褐色。

黑色为底色，翅膀上具有各式斑纹，部分种类在下翅后方具有尾状突起。由于体形大而艳丽，往往是赏蝶人所偏爱的对象。

事实上台湾地区所产的凤蝶目前已知有38种，当中除了前述以柑橘类为寄主植物的种类，也有以芸香科其他属以及马兜铃科、木兰科、樟科、番荔枝科、伞形科等植物为食的凤蝶。不过某些种类凤蝶的能见度往往没有前述的几种凤蝶那么普遍。

凤蝶在成虫阶段，不再像幼虫那般只在植物上进食与活动，而是自由生活，常于阳光充足的环境中活动，以花蜜为食。

成虫时期的最大使命，想当然便是求偶与繁殖后代。完成交尾的凤蝶雌虫发现合适的寄主植物，便会在其周围环绕，挑选适当的位置轻轻停下，一面挥舞着翅膀，匆匆产下卵粒，随即转而找寻下一个产卵位置。

几天后，叶面上的卵粒孵化，新生命的求生之旅再一次展开。

---

18 蓝凤蝶（*Papilio protenor*）头部特写。
19 蓝凤蝶成虫。蓝凤蝶幼虫的寄主植物种类广泛，除了柑橘类植物，它们也会取食芸香科的两面针、椿叶花椒、飞龙掌血、楝叶吴萸等。
20 达摩凤蝶（*Papilio demoleus*）成虫。达摩凤蝶幼虫除了以柑橘类植物为食，也会取食芸香科的小花山小橘、假黄皮、酒饼勒。

21　美凤蝶（*Papilio memnon*）雄成虫。美凤蝶幼虫主要以柑橘类植物为食。美凤蝶雄成虫与蓝凤蝶的外观相似，但可由前翅腹侧的特征来区分两者：美凤蝶的前翅基部有红斑，蓝凤蝶前翅基部则无红斑。

22　美凤蝶雌成虫。

23　玉带凤蝶（*Papilio polytes*）成虫。玉带凤蝶幼虫的寄主植物种类不少，包括柑橘类植物、两面针、假黄皮、酒饼簕、飞龙掌血、春叶花椒等。

Chapter 4

虫虫住在
你家里

和人生活在一起的 衣鱼

打开衣橱，赫然发现一条银白色、扁平的长条状物出现在眼前。被惊动到的它，快速地移动窜出。"是蟑螂吗？"下意识准备好拖鞋，预备下手扑杀。回过神来，不禁止住了刚才的念头，反倒开始好奇它的身份。这种生物不像蟑螂有着莫名恶心、令人恐惧的外表，它的颜色反倒是种特殊的"洁白"。原来，它是被称作"衣鱼"的生物。回想一下，某天翻开书本、移动家具时，你是否也曾有过类似经验？

陆地上的"鱼"

衣鱼是属于缨尾目的昆虫。常见的衣鱼，外观通常呈银白色、灰色或近黑色，身体只有约1至3厘米长。仔细瞧瞧，它那扁平、形状似纺锤般的身体，布满了银色鳞片，并略带有金属般的色泽。它们的躯体细细长长，在

头部长有两条触角，腹部则长了"三根毛"（一对尾毛及一条中央尾丝）。如果大胆地用手触碰它的身体，将会发现衣鱼身上的鳞片很容易沾黏在手上，如同蝴蝶翅膀上的鳞片般容易脱落。虽然衣鱼和一般常见的昆虫同样长有六只脚，但它们并不具有翅膀，没有飞行的能力。

衣鱼常出没在人类居住的场所，平时置身在房屋缝隙或家具之间。通常它们可能因人类的活动，透过纸类、书籍的运输而被带入居家建筑物内。此外也有一些种类的衣鱼主要生活在户外野

1 衣鱼身上的鳞片常呈银色，排列整齐，近看有如鱼鳞。
2 用手触碰衣鱼的身体，将会发现它身上的鳞片很容易沾黏在手上。
3 纸张是衣鱼的食物之一，在久放的报纸堆中常能见到数只衣鱼同时出现。
4 常见的"小灶衣鱼"（*Thermobia domestica*）。小灶衣鱼常在旧报纸、图书的缝隙间出现。

5

地里。衣鱼的行动敏捷，爬行动作迅速，被惊动时常见它们一溜烟地逃脱。昼伏夜出的它们，由于有惧光的习性，白天通常躲藏在暗处，所以在那些阴暗潮湿的仓库、橱柜里特别容易发现衣鱼。

野外的衣鱼个体则大多栖息在地表落叶层、石缝、树皮下，台湾地区目前有记录的衣鱼种类约6种，其中普通衣鱼、小灶衣鱼、斑衣鱼是比较常见的种类。由于古人认为它们的外表似鱼，且会蛀食衣物，因此称之为"衣鱼"，此外也称为"蠹鱼"。且因外表颜色，衣鱼的英文名被称作"银鱼"（silver-fish）。尽管它们的不同俗名都被冠以"鱼"这个字，但其实它们的身世跟鱼可没有关系。

另外有一群衣鱼的近亲，它们外形与衣鱼近似，名为石蛃。石蛃的习性也和野外的衣鱼类似，属夜行性，常在树皮或落叶堆出没。石蛃早期也被归在缨尾目，但由于这两类昆虫在形态上并不相同，因此有分类学家主张将其独立出来，分为石蛃目和衣鱼目两类。

通常许多石蛃的外表上，腹部末端的一对尾毛（腹末外侧那两根）比中央尾丝（腹末中央那一根）还要短，而衣鱼的尾毛则与中央尾丝的长度差不多。从头部来看，石蛃具有较大而彼此几乎相连的复眼，至于衣鱼的复眼则通常较小且不相连。

不折不扣的"书虫"

栖息在室内的衣鱼，主要以植物性的材质或碎屑为食。恰如其名，衣鱼会取食衣服以及各类纺织品，另外如纸类、书籍、纸张或壁纸都能作为它们的食物。胶合书本的黏胶、裱褙书画使用的糨糊，也时常能见到它们啃食的痕迹。也因为如此，平时家里的衣物、书本都可能因衣鱼啃食而破损；若摆放多时的纸张，边缘出现了不规则的缺口、孔洞，即有可能是衣鱼所造成的。衣鱼啃食过的地方，周围也常留下黑色、细小如沙粒般的粪便。因其取食偏好，衣鱼也会破坏博物馆、图书馆中的文物或文件资料，让人类不得不提防它们，以免毁损重要的古籍档案。此外，人类所囤放的粮食如谷类、豆类也是它们的食物来源。衣鱼耐饥饿的能力相当强，许多种类在完全不进食的情况下仍然可以存活好几个月。

其实它们可是有着不凡的身世。中国最早的一部词典《尔雅》中便描述过衣鱼这种生物，可知衣鱼至少两千年以前就已出现在居家环境中。据考古所发掘的化石证据显示，衣鱼早在三亿多年前的石炭纪便已存在，可能比恐龙还要早出现。由此可见，它们是相当古老的昆虫，意即属于"活化石"的生物。此外，衣鱼从前也被古人当作药材使用，如今看来是有点不可思议。

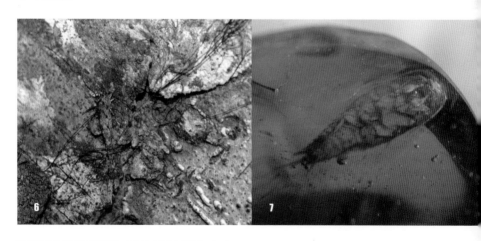

5　昆虫的复眼是由许多"小眼"所组成。将小灶衣鱼的头部影像放大，可以发现复眼中的小眼粒粒分明；每颗复眼共含 12 个小眼。
6　一种生活在野外环境的石蛃。
7　多米尼加出土的琥珀化石中所埋藏的衣鱼，存活年代约为三千万年前。

小不点
啮虫
部队

夏天时偶然发现自家浴室里有一群小虫现踪。每次观察，大约都能发现2至5只的个体，在洗手台上缓慢爬行。由于洗手台为白底，让微小不起眼的它们反倒显得有些突出。

原来这些浴室里发现的昆虫，是生活在室内的一类啮虫，即窃跳啮。它们具有翅膀，能够行走、跳跃，但不擅飞行，通常在墙上活动，专以墙边的微小霉菌为食。由于啮虫普遍喜爱潮湿温暖的环境，可能是夏天的浴室刚好可以为其提供适当的生活条件，同时这样的环境也有利于霉菌增长，造就了充足的食物来源，并助长了其族群繁殖。

啮虫虽小五脏俱全

"啮虫"是住宅中常见的一类昆虫，然而这些小家伙却往往不会为人所注意。这是因为大部分的啮虫体形实在太小了，室内常见者往往就像沙子、

灰尘一般，小得让人视而不见。就算碰巧见到了，可能也不见得认得出。但通过放大镜观察，啮虫可是麻雀虽小，五脏俱全。

它们有着咀嚼式的口器、一对细长的丝状触角，体躯柔软。由于头部比例较大，胸部体节隆起，外表看起来有如驼背一般。镜头下的它们，和许多昆虫一样，头部也会转啊转地观察四周，也会搔弄、清理自己的触角。有些种类的啮虫具翅，翅为膜质；另外也有不少翅退化的种类。

1　一种生活在野外台湾相思上的啮虫。
2　在郊外植物上活动的某种啮虫若虫。
3　出现在浴室洗手台上的窃跳啮（*Psocathropos* sp.），体长约1～2毫米，通常在墙上活动，专以墙边的微小霉菌为食。
4　啮虫具有翅膀，能够行走、跳跃，但不擅飞行。
5　啮虫的头部比例较大，胸部体节隆起，外表看起来有如驼背一般。
6　啮虫有着咀嚼式的口器、一对细长的丝状触角，体躯柔软。

7

8

传统上啮虫被归类为"啮虫目"，啮虫目的英文名称 Psocoptera 是由希腊词 Psoco（磨碎）与 ptera（翅）所组成；可能是由其口与翅的特征来命名。"啮"字意思为咬、啃；这个字也反映出它们善于咀嚼的口器。不过目前有学者主张将"啮虫目"与"食毛目"及"虱目"合并（Psocodea，译名为"啮虱目"或仍译为"啮虫目"），原本的啮虫目英文名称已不再使用。

在生殖方面，有些种类的啮虫是行两性生殖，例如窃跳蛄。有些种类则能以孤雌生殖的方式，不交配即可产下后代。

书堆里的小精灵

其实一般的住家里还有其他更常见的啮虫，或许你早就见过它们了！其中有一群俗称"书虱"的啮虫，主要以霉菌和植物性的有机碎屑为食，它们

9

10

在野外环境中的数量很多，但也常在居家环境出现。书虱大多没有翅膀，体形比窃跳啮还要小，身体扁扁的，后足的腿节特别粗。住在家里的书虱，往往藏匿在阴暗潮湿的场所，因此在屋内累积尘埃的角落、发霉的家具、书柜及旧纸堆中，都可能发现它们的踪迹。如果哪天翻开书本，特别是放很久有点泛黄的旧书，里头发现有细小如沙粒、缓缓爬行的虫子，就很有可能是见到了书虱。

因为书虱常出现在书本中，所以被人

类取了"书虫"这个俗称,不过它们并不会蛀食书本的纸张。倒是书本上的糨糊和装帧材料,或者厨房的仓储谷物,这些植物性的成分比较可能成为它们的食物。其实你我的家中可能或多或少都有啮虫存在,只是这些小虫子不容易被发现罢了。

当然,还有许多种类的啮虫是只生活在野外的。生活在郊野、森林环境里的啮虫,通常以取食藻类或地衣、真菌等维生;例如许多啮虫会以口器刮食长在树木表面的地衣,将之作为主食。自然界中的啮虫,依种类有着各式各样的外表。有些体形较大或集体生活的种类,比较容易让人发现。

啮虫这群小昆虫,与人类之间可说是关系密切,不过在一般家庭中活动的啮虫,大多不会影响人类的作息,也不会造成什么危害,算是较"冷门"的害虫。然而当房舍在不通风、白华(或称吐露)蔓延等情况下营造出潮湿、富含霉菌的空间,便有可能造成啮虫族群大量滋生。如果哪天发现许多啮虫出没,那可能便得注意室内有无发霉器具、浴室是否通风不良或是长期积水;换句话说,你家里的环境湿度可能太高了!

---

7 书虫(*Liposcelis* sp.)。这类啮虫体长仅约1毫米,可在树皮上发现。
8 书虫主要以霉菌和植物性的有机碎屑为食,在野外环境的数量很多。
9 室内环境不难找到书虫的踪影,多半藏匿在阴暗潮湿的场所。
10 书虫大多没有翅膀,体形比窃蠹跳蚤还要小,身体扁扁的,后足的腿节特别粗。
11 一种浴室常见的跳虫。
12 毛蠓(*Clogmia albipunctata*)在浴室、厕所相当常见。

潮湿不通风的角落可以发现的昆虫

跳虫多半生活于潮湿的土壤中,但家中的浴室洗手台也可以见到它们的踪影,这群小虫子一般主要以腐殖质、真菌为食。

毛蠓是浴室、厕所常见的小虫,动作缓慢,有时也会飞到室内墙壁上,它们的幼虫生活在水槽或积水中,成虫喜欢栖息在阴暗的环境,广泛分布于热带与亚热带地区。

居家
蟑螂
克星

或许你曾在家里见过一种长约1厘米、体形如苍蝇般的黑色小飞虫；父母、兄弟姐妹中也许总有人认得，却不一定叫得出名字。这种生物长着一对蓝色有光泽的眼睛、纤细的"腰部"，以及总是摆动着的扁扁腹部。由于它的后足较长，且外表黑色，乍看又像是一只蟋蟀。当它出现在你面前，往往时而飞行，时而于地面爬行。

假若哪天在家里发现了，可先别急着拿苍蝇拍、电蚊拍，把这小虫"除之而后快"。因为它可是蟑螂的天敌呢！它是产于温带、亚热带地区，名为"蜚蠊旗腹蜂"的卵寄生蜂。蜚蠊旗腹蜂在分类上为膜翅目瘦蜂科。由于瘦蜂的腹部时常连续摆动，因此瘦蜂又有"旗蜂""旗腹蜂"之称。

小强怕怕

蜚蠊旗腹蜂与蟑螂之间有何关系，暂且先从蜚蠊也就是俗称的蟑螂谈起。蜚蠊是昆虫纲蜚蠊目昆虫的通称，这类昆虫通常具有扁平的身躯、布满刺的足、细长的丝状触角，头部大部分面积为前胸背板所盖住，很容易让人

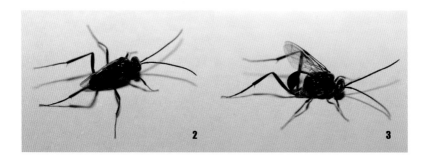

一眼认出。野外的蜚蠊通常以有机质为食，然而居家场所中的蜚蠊，喜出入脏乱环境、啃食食物残渣，因而常会造成厨具、食物等物品的污染，促成病原菌、寄生虫的散布。它们停留过的地方，又常留下分泌物的异味，以及黑色的排泄物，这些现象不仅让人觉得不舒服，蜚蠊的分泌物和排泄物也被认为是造成过敏、引起气喘的成因之一，有很多因接触蜚蠊而造成皮肤炎的案例。基于以上的种种理由，蟑螂带给人们肮脏的刻板印象，令人闻之色变。

虽然人类不乐见其在家中定居，但蟑螂终究是社区中常见的生物。而这蜚蠊旗腹蜂就是一种以蟑螂卵鞘为寄生对象的卵寄生蜂，它们会寄生蟑螂卵，减少蟑螂的数量。由于蜚蠊旗腹蜂成虫能靠着嗅觉搜寻蟑螂新产下的卵鞘，所以便伴随着常在人类的家中出现。已知蜚蠊旗腹蜂的寄主有澳洲大蠊、美洲大蠊、褐斑大蠊、斑蠊等。

蜚蠊旗腹蜂的克蟑过程

当蜚蠊旗腹蜂成虫锁定了目标蟑螂的卵鞘，即伸出产卵管刺入，将自己的卵产于其中。蟑螂的卵鞘对蜚蠊旗腹蜂而言有如"育婴室"，不仅供应其幼虫阶段发育所需之养分，也是其生长的场所。蜚蠊旗腹蜂幼虫孵化后，便寄生其中，一面以蟑螂卵粒为食，一面发育着，直到长至虫体大小占满整个卵鞘，随后在其中化蛹。

蟑螂卵鞘又称卵囊，是一群卵粒的集合。虽然其卵鞘里面含有数十粒卵（例如美洲大蠊的卵鞘内含约16粒卵，澳洲大蠊卵鞘含有20余粒卵），每个

1　蜚蠊旗腹蜂（*Evania appendigaster*）的头部特写。
2　蜚蠊旗腹蜂的外观。
3　蜚蠊旗腹蜂有着蓝色的复眼、纤细的"腰部"（其实是腹部的一部分）、扁平的腹部。

蟑螂卵鞘仅能让一只蜚蠊旗腹蜂发育，因此蜚蠊旗腹蜂一般每次仅产一粒卵。换句话说，一只幼虫的寄生，至少可以摧毁十几只即将诞生的蟑螂。

羽化以后，成虫便突破卵鞘离去，进行交尾、产卵，传递下一个世代。蜚蠊旗腹蜂成虫以花蜜为食，行自由生活，喜爱访花。除了居家环境，其实在平地至低海拔山区也可见其踪影。

初羽化的蜚蠊旗腹蜂雌虫便能进行产卵，无论交尾与否；雌虫所产下的卵中，未受精的卵将孵化为雄性，受精卵则产生雌性后代；因此未经交尾的雌成虫将只产下雄性后代，交尾完成者则能分别产下雌与雄的个体。雄虫可行多次交尾，但雌虫一生仅交尾一次。

请蜂来杀蟑？

既然蜚蠊旗腹蜂这种蜂能够消灭蟑螂卵鞘，那么世界上有没有会直接攻击蟑螂成虫的蜂类呢？有的，在热带地区有某些长背泥蜂科的种类，该科的蜂身形酷似蚂蚁，也是蟑螂的天敌。特别的是，这些蜂专门猎捕蟑螂的成虫或若虫，将之拖入巢中，作为其后代的食物。部分种类于台湾低海拔山区亦可发现，但远不如蜚蠊旗腹蜂那般常见了。

6

　　看来，昆虫中常见的蟑螂天敌，还是蜚蠊旗腹蜂当之无愧。蜚蠊旗腹蜂不仅能够适应人类的生活圈，又是蟑螂杀手，能抑制其繁殖。既然如此，有没有可能考虑请一些专业人员在市区里大量饲养，然后分送给家家户户，造福县市乡里？

　　这个想法可能行不通。当成群貌似苍蝇的小虫在屋里飞动，你我的家人恐怕不会有什么正面反应，甚至会感到恐惧吧？而且过不了多久，还会留

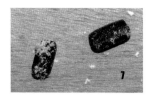

7

下一堆虫尸、残骸。相较之下，想要防除蟑螂，维持室内整洁、定期清理垃圾，这样的做法更加可行。干净的环境自然能减少蟑螂滋生，也让蟑螂没有地方躲藏，应该才是防除蟑螂最简单有效的方式！

4　　澳洲大蠊（*Periplaneta australasiae*）在居家环境常见，是蜚蠊旗腹蜂的寄主之一。这种蜚蠊前胸背板具有一块黑斑，前翅的边缘具有金黄色条纹，相当容易辨识。

5　　美洲大蠊（*Periplaneta americana*）在室内或户外垃圾堆都有机会见到，是蜚蠊旗腹蜂的寄主之一。这种蜚蠊的前胸背板底色为橙色，中央具有褐色斑块。

6　　棕色大蠊（*Periplaneta brunnea*）是室内常见的种类，也是蜚蠊旗腹蜂的寄主之一。这种蜚蠊的前胸背板主要呈棕褐色。

7　　蟑螂的卵鞘。在衣橱、抽屉等的夹层或缝隙常可发现。

潜入厨房的
微型甲虫

甲虫一定要到野外才看得到吗？其实在我们的住家里，时常有迷你版的小甲虫在角落里悄悄活动呢！这些昆虫可能是透过门缝、窗户的缝隙偷渡到家里，也有可能是我们自己无意中带进来的。

　　某天社区举办的活动赠送了几包有机米，开封后这些米被放置在家里的厨房一角。几天后，厨房的墙壁上开始出现小虫子在周围爬行，这些虫长得比米粒还要小，头部又有着一根长长的"鼻子"状构造。打开米袋，果不其然，是随这些米给带进屋内的。它们是米缸中的常客"米象"，头部鼻子似的细长构造为特化的口器。也许是这些米在运送前后悄悄被米象成虫产了卵。

米粒与象鼻虫

　　米象为一种世界性分布的常见昆虫，分类上属于象甲科的甲虫。在人类社会中，米象是白米、糙米的主要害虫，因此在米缸中很常见。此外它们也会危害玉米、高粱、小麦等谷物。除了米象，米粒中也常有另一种象甲"玉米象"；玉米象的外观、习性均与米象相似，但体形略大于米象。总之，米粒中出现的甲虫，不外乎米象或玉米象。

　　早期的农家在稻作收成后，会在家门前曝晒稻谷。在曝晒中的稻谷里，也有可能发现这些小象甲在其间爬行。谷粒若遭米象成虫产了卵，孵化后的幼虫便会以之为食，在谷粒中生活、化蛹。有虫卵的谷粒，例如白米，会逐

渐被蛀食成孔洞。由于幼虫藏身在米粒里，多半难以让人类察觉。米象长为成虫后则会四处爬行，不再像幼虫那样住在单一的米粒里，但它们同样也会吃米粒。

　　观察米象的外表和行为，其实也挺有趣的。就外表看来，成虫的体形比许多常见的象甲要小很多，不过用放大镜一看，外表特征可是跟大型的种类差不了多少呢。假如你打算观察它们如何蛀食米粒，只要准备一些白米，把米象成虫养在罐子里，就成了另类的宠物，平常只要清理粪便，不须花多少时间照顾，养起来相当容易。

　　家里摆放了一阵子的绿豆或红豆，偶尔也会出现一种专吃豆子的甲虫。这种甲虫的体形尺寸与米象相似，外表深色带有不规则花纹，它们通常是"四纹豆象"。这些虫子以豆类为食，摄食的对象包括绿豆、红豆、大豆、花生等，在台湾地区尤其以绿豆和红豆最为常见，是储藏豆类的害虫。尽管有"豆象"之名，从字面上看来似乎是象甲的同伴，外表也与象甲相似，但其实它们在分类上为豆象科，属于不同的类群。

　　四纹豆象的雌虫，会将卵产在豆子的表面，等到幼虫孵化，便钻入豆子里生活，直到长为成虫时才钻出。这种生活模式与前述的米象类似，两者的幼虫都是住在植物果实里，只是取食的植物种类不同。四纹豆象的成虫羽化

1　要把相机对准米象（*Sitophilus oryzae*）其实并不容易，因为它们爬行的动作很快。
2　米象长得比米粒还要小，头部又有着一根长长的"鼻子"状构造。

后，在未进食的情况下便可以交尾及繁殖后代，在生殖上可说是非常有效率。有时豆子里也可能出现另一种近缘种"绿豆象"，这两种常见豆象的相似度高，习性也类似，区分起来并不容易，但可以从雄虫的触角形态及一些细部特征来加以辨别。

现在很多豆类食品都是真空包装，所以这些昆虫在居家环境的出现频率算是较小，不过在大卖场或家里囤放很久的豆类，还是有可能见到它们出没。

并非独爱烟的烟草甲

另外还有一种红褐色的小型甲虫，也常常出现在厨房这类场所。假如你在储藏的食物附近，看到外观椭圆形、善于飞行的小甲虫，那么很有可能是见到了"烟草甲"。

烟草甲的食性杂，主要取食干燥的植物性食品。尤其喜爱香料、饼干类食品，例如长期放置的菊花茶茶包、咖喱粉、饼干甜点，这些食材万一没有密封好，便有可能遭到烟草甲进驻。有时食物的包装也可能遭烟草甲咬破，进而侵入。此外像中药材、大蒜、花生或五谷杂粮等干燥物中，也有可能发现它们。

之所以名为烟草甲，原因是这种昆虫以危害储藏烟叶而闻名。烟草甲不仅能够取食对多数昆虫具有毒性的烟草，更是原料烟叶的重要害虫，故俗称"烟草甲"。它们除了造成烟作损失，也曾有躲藏在香烟、雪茄等烟草货物中随船运迁移的记录。

烟草甲有个明显的特征，它的头部几乎与躯干垂直。烟草甲有装死的习性，每当受到惊吓，它会立刻缩起头与六只脚装死；从背面观之，因为那特殊的头部角度，此时头部几乎是看不到的。

烟草甲在分类上所属的食骸虫科，日文汉字为"死番虫"，应是源自其英文俗名death-watch beetle。据说这是由于某些危害木材的食骸虫科甲虫，能够发出特殊声响求偶，当这声音出现在老旧的房屋，让人联想成倒数死亡时间的钟摆声，因此过去被视为不吉利的象征。不过烟草甲本身并无此种发声行为。

我们所称的"甲虫"是鞘翅目昆虫的通称，这些昆虫为完全变态，成虫往往外表坚硬。除了大多数人所熟悉的锹甲、独角仙、天牛等大型种类，其实有许多的甲虫体形微小，并有着各式各样不同的生态习性。烟草甲、四纹豆象成虫的体长仅约3~4毫米，而米象、玉米象的体长则分别为约2.5~3.5及3.5~5毫米。

看到这样的小甲虫，是否颠覆了你对它们既有的观念呢？也许有些人对甲虫的印象为雄壮威武、体形硕大，然而昆虫的世界里，可是有着极丰富的多样性，而甲虫的种类数更是世界上所有生物之最，自然会在各类的环境中演化出了不同的外表与行为。不管是山林或水域，或者人类的生活圈，总有不同的甲虫存在，它们可说是无所不在的一群昆虫。

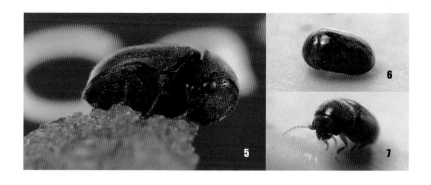

3 这只四纹豆象（*Callosobruchus maculatus*）断了一支触角，但似乎不影响它的日常生活。
4 四纹豆象的体形尺寸与米象相似，外表深色带有不规则花纹。
5 正在取食巧克力饼干的烟草甲（*Lasioderma serricorne*）。经试验性的喂食，跟其他食物比起来，烟草甲似乎特别喜欢饼干。
6 烟草甲有装死的习性，每当受到惊吓，它会立刻缩起头与六只脚装死，成为椭圆形的物体。
7 烟草甲相当活泼，不只在厨房出现，还经常飞到房间或客厅。

谜一样的 "水泥块"

家中墙角、地板上，家具里的缝隙，不经意地发现一粒粒灰色纺锤状、看起来貌似水泥块的物体。是不是总觉得对这玩意儿有莫名的熟悉感呢？"上回大扫除才把这些东西都清掉，但一段时间后它们却又出现了。"也许你正若有所思地想着，为何这些"水泥块"总是会突然冒出来。其实那里面是某种昆虫，不相信的话，拿起来放在桌上观察看看，有些还会动呢！

瞧瞧这些室内墙壁上的小东西，跟墙壁的色调还颇相称，乍看就像是墙壁剥落的碎屑、地上的小石砾一般。不过有些时候，爬行中的它们还是透露了自己"具有生命"的身份。你是否曾在打开衣橱时看见细小的蛾飞出？那些小蛾就是"内容物"长成之后的成虫。

与人同居的蛾

其实这些东西可不是水泥做的，它们不仅柔软，而且还是中空的，就像个袋子一样，正确来说该称之为"简巢"。这是叫作"衣蛾"的小型蛾类所

造的巢，主要为其幼虫吐丝制造，由丝质的结构黏附了沙土颗粒所组成。简巢两端各有一个开口，幼虫的头可由任一开口探出。

这些昆虫在台湾几乎四季可见，这些空巢周期性地出现，总让我们必须频繁地清理屋内各个角落，尽管它们并不会对室内的物品造成什么危害。

这种身体外表黄褐色的小型幼虫，长期躲在简巢内，行动相当缓慢，就像是寄居蟹一样，把"家"随身携带着。随着其不断生长，简巢也会逐渐扩建增大。

它们一般以干燥的有机物碎屑为食，包括毛发、蜘蛛丝等。至于衣蛾的成虫，一般则不取食，通常也没有趋光的习性。衣蛾成虫产下卵后，待卵孵化，新诞生的幼虫便吐丝黏附环境中的沙土等碎屑做巢，之后持续在简巢中

---

1 衣蛾幼虫的头部特写。
2 墙角的水泥块？潮湿的角落随手就可以捡到几粒空的简巢。
3 衣蛾的简巢两端各有一个开口，幼虫的头可由任一开口探出。
4 衣蛾幼虫移动时会将头及胸部伸出，抓着物体表面爬行。

成长，化蛹时仍在巢中，直到成虫羽化才脱离筒巢。当成虫离去，则在原地留下空巢，所以不见得所有巢里面都有虫。许多被发现的筒巢几乎空空如也，只留下蛹壳，即是里面的主人翁已长为成虫并飞离筒巢的缘故。

我们人类身上随时都有脱落、掉在地上的头发，如果家里不常打扫，这毛发跟灰尘便很容易在墙角积成一大坨，过一段时间，我们便可见到几只带着筒巢的衣蛾幼虫出现在这些毛发上，啃食着地面上的头发，由此可知它们非常喜爱啃食毛发类的物质。

虽然已知台湾所产的衣蛾目前似乎没有对衣物造成危害的相关记录，但有时我们也会发现衣蛾的成虫或幼虫出现在衣橱里或者衣服上，推测主要是为了寻找阴暗环境躲藏，也可能是受到衣橱里羊毛制品或毛皮类物品所吸引。

如果以人为的方式，用剪刀小心地将衣蛾的筒巢给剪开，或者将幼虫自巢中取出会如何？结果是，失去筒巢的光溜溜幼虫，会在几天内吐丝完成一个新的巢。毕竟最初的巢是自己造的，这点小事当然难不倒它们。剪开的筒巢，也常会发现里头藏有一小撮人类的头发；

经试验性的喂食，也可以发现它们特别偏爱"人的头发"这种食物。

　　偶尔，我们在室内找到的简巢，会发现里头并没有衣蛾幼虫存在，以手碰触，反而会有几只小型寄生蜂从简巢飞出，这才惊觉，原来衣蛾也会成为寄生蜂的食物。看来这跟我们在户外看到的蝶蛾类生态类似，也常面临寄生性天敌的威胁。虽然衣蛾幼虫有简巢保护着，藏身在巢中的衣蛾，有时仍然躲不过天敌的袭击。

家里出没的蛾

　　如果要说室内有哪些蛾类出没，在一般的家庭里，除了这爱吃毛发的衣蛾最为常见外，其实另外还有几种吃储藏品的小型蛾，有可能随着食物被携进室内，因而出现在家里。这些蛾的体形通常比衣蛾稍大，其中粉斑螟是比较常见的种类。

　　粉斑螟是大蒜上的常见害虫，如果某天你家里突然冒出一堆小蛾，在室内到处飞来飞去，那么请查看最近家里是否买了一批大蒜，上面搞不好还能找到一些尚未羽化的粉斑螟蛹。它们的幼虫也很喜欢吃糙米或白米。新买来的糙米如果摆个三五天，米袋内出现了小蛾在飞舞，那么这批买来的米很可能早被蛾产下卵了。

5　衣蛾（*Phereoeca uterella*）成虫的外观。
6　衣蛾的成虫一般不取食，通常也没有趋光的习性。
7　将简巢打开，才能见到衣蛾幼虫的全貌，幼虫其实是长的这副模样。
8　有些空的简巢开口处可见衣蛾羽化所遗留的蛹壳。请仔细看"开口"的地方有什么。
9　如果家里不常打扫，毛发跟灰尘很容易在墙角积成一大坨，过一段时间，便可见到几只带着简巢的衣蛾幼虫出现在这些毛发上。
10　打开衣橱或书桌的夹层，里头居然有这么多衣蛾的空简巢，并伴随着一些蜘蛛网。
11　粉斑螟（*Cadra cautella*）很容易随着菜市场的大蒜、糙米给带回家。
12　粉斑螟是居家常见的蛾类。

恼人的吸血小飞虫

深夜里，躺在床上打算好好休息，耳边却响起了忽远忽近、挥之不去的嗡嗡声。这嗡嗡作响来自于蚊子那每秒摆动300至600次的翅膀，在夜深人静的时空里显得格外清楚。有时它甚至令人几近抓狂，使你非得起身，试图找出、摧毁那声响的来源不可。

除了偶尔在夜晚扰人清梦，蚊子那吸人血液、引起皮肤发痒的"作为"，想必更让人深恶痛绝。而蚊子在叮咬的同时，更有可能传播病原，使人类、牲畜染上疾病！因此，蚊子被视为公共卫生的头号害虫，长久以来，总是不为人类所欢迎。一直到今天，我们仍不断以各种方法，试图减少蚊子所带来的危害。

由于蚊子所带来的诸多烦扰，人类与蚊虫的交手历史不可谓不冗长，这些经验在文化中留下了痕迹。在唐诗宋词中，即能窥见一斑。唐朝诗人薛能在《吴姬十首·其五》的诗中写道："退红香汗湿轻纱，高卷蚊厨独卧斜。"句中的"蚊厨"，指的就是当时防蚊用的帐幕，即蚊帐。

蚊事知多少

我们所称的"蚊""蚊子"，通常指的是双翅目蚊科的种类。都市室内有机会见到的种类大多为白纹伊蚊、埃及伊蚊、尖音库蚊以及致倦库蚊这几种。

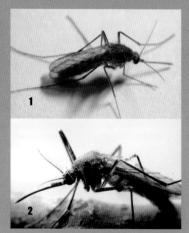

白纹伊蚊、埃及伊蚊是传播登革热的病媒，这两种蚊子的成虫也是比较容易辨识的种类，可以从头及胸部的纹路认出它们。白纹伊蚊分布于平地与山区，栖息在户外或室内阴暗的角落。埃及伊蚊则大多分布于西南部地区，栖息在居家室内、家具周围为主。

尖音库蚊、致倦库蚊大多栖息在户外草丛或室内阴暗处，常飞到住宅中吸人血。这两种蚊子外表上极为相似而不

易区分，不过致倦库蚊只在冬季特别活跃，而其他季节里住家中见到的个体多数为尖音库蚊。

不同种类的蚊子，其幼虫生长的水域也不尽相同。白纹伊蚊和埃及伊蚊的幼虫一般生活在人工的积水容器内，尖音库蚊及致倦库蚊的幼虫则主要生活在都市水沟或下水道中。

还有一种蚊子，虽不会出现在室内，但也是我们身边很常见的种类。它叫作骚扰阿蚊，腹部黑白分明，很容易辨认。我们在户外的草丛里，很容易撞见骚扰阿蚊，被它叮到似乎特别痛。骚扰阿蚊分布于平地至低海拔山区，幼虫大多生活在化粪池里，没错，就是收集排泄物的"化粪池"，所以发现骚扰阿蚊的地方通常也代表附近有人居住。

另外，尖音库蚊及白纹伊蚊能够传播犬心丝虫，使猫狗感染致命的心丝虫症。而就目前所知，致倦库蚊、骚扰阿蚊并不会传播疾病。

蚊子的幼虫期、蛹期皆在水中度过，唯成虫阶段会离水生活。成熟的雌蚊将选择适当的水域环境产卵，幼虫孵化后便在该水域中生长。蚊子的幼虫通称"孑孓"，体细长而不具足，以水中的有机物颗粒为食。

想分辨蚊子的性别，可以从它们的触角形态来判断。一般来说，雄蚊的触角各节具有浓密的细毛，触角外观整体如羽毛状（环毛状）；雌蚊触角上的毛较短且稀疏，触角主体呈丝状。

1　致倦库蚊（*Culex pipiens*）雌蚊。致倦家蚊是冬天在都市楼房中很常见的种类。

2　骚扰阿蚊（*Armigeres subalbatus*）雌蚊。在户外被骚扰阿蚊叮到，会特别有"感觉"。

3　白纹伊蚊（*Aedes albopictus*）雌蚊。白纹伊蚊分布于平地至低海拔山区，也常见于室内阴暗的角落。

4　白纹伊蚊的头部及胸部具有一条显眼的白色线条，非常好认。

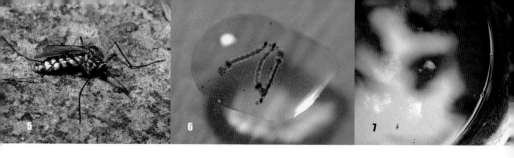

只有雌蚊才吸血？

一般而言，只有雌蚊会吸血，这是为了繁殖所做的投资。交尾后雌蚊必须吸食动物血液，如此才能获取足够的蛋白质养分，以供应其卵巢内的卵发育；也有少数种类例外，如致倦库蚊不吸血便能产卵。至于雄蚊一般则以植物汁液、露水、花蜜等为食，并不吸食动物的血液；而未交配过的雌蚊也会吸食植物汁液。

需要吸血的雌蚊，首先必须找寻叮咬的对象。除了以视觉追踪猎物，蚊子还可借由侦测动物身上散发的二氧化碳、乳酸等化学物质以及通过体温来搜寻猎物。其中乳酸是汗水中所含的成分之一，因此汗水味对蚊子具有相当的吸引力。

蚊子具有细长的刺吸式口器，雌蚊的口器有利于刺入动物皮肤中的微血管；然而雄蚊口器则因大小颚退化，不能刺穿动物的皮肤。

为了保持吸血时的畅通，蚊子唾液中的特殊蛋白质成分能抑制凝血，让动物血液在其吸血过程中不会凝固，也能使血管扩张，利于吸血；然而某些成分同时会引起人体免疫系统的过敏反应，因此被叮咬处的伤口会肿胀，并让人感到发痒。

有些人因为体质的关系，初遭某地区蚊子叮咬后，会产生较严重的过敏反应，外观显现较大面积的肿胀。但日后遭叮咬多次后，往往便能逐渐适应，过敏的程度逐渐减轻，这是由于身体免疫系统对新的过敏原发展出耐受性的缘故。

5　骚扰阿蚊一般并不会在室内出没，但在户外草丛中相当常见。
6　花器底盆中发现的白纹伊蚊幼虫。
7　花器底盆里的积水，这是白纹伊蚊幼虫常出现的地方。
8　一种常见的摇蚊，体长约0.6~0.7厘米。
9　户外积水容器中发现的摇蚊幼虫。

难解的扰人蚊虫

为了遏止蚊子入侵房舍，现今家家户户常备有电蚊香、蚊香、捕蚊灯这类除蚊商品，然而蚊子所带来的困扰自古便有，古早年代并没有这些现代化道具，人类该如何确保一夜好眠呢？

古人除了发明蚊帐防蚊，也使用薰香的方法驱蚊。唐代孙思邈所撰《千金月令》中记载："是月取浮萍阴干，和雄黄些少，烧烟去蚊。"指以浮萍混合雄黄之燃烟，能够让蚊子忌避。其中雄黄是古代用途广泛的杀虫剂，用于驱蚊应有一定的效果。南宋诗人陆游诗云："泽国故多蚊，乘夜吁可怪。举扇不能却，燔艾取一块。"（出自《熏蚊效宛陵先生体》，大意是：举起扇子无法彻底驱赶蚊虫，于是以艾草熏蚊。）由此可知，燃烧艾草束，使之产生浓烟也能驱蚊。古时提到艾草驱蚊的相关诗句其实不少，意谓这似乎是普遍常见的方法。

古代印度人则是以燃烧印楝叶的方法驱蚊，十分类似中国燃烧艾草的方式。"印楝"（Neem Tree）是一种原产自印度和缅甸等地的树木，又称印度假苦楝、印度蒜楝，其代谢物具有抗虫功效；将印楝的叶片放入仓库或衣物中也能达到驱虫的功效。

宋代古籍《格物粗谈》中有"端午时，收贮浮萍，阴干，加雄黄，作纸缠香，烧之能祛蚊虫。"宋朝温革《分门琐碎录》中有："夜明砂与海金沙，二味合同苦楝花。每到黄昏烧一粒，蚊虫飞去到天涯。"这些描述中提到了将植物与不同材料混合，制作成如条状、粒状的道具，用以点火薰蚊虫，可以看出当时已发展出类似"蚊香"的线香雏形。

The Fascinating World of Urban Insects

不吸血的摇蚊

摇蚊长得跟一般吸血的蚊子很像，但是它们的口器已退化，并不会叮咬人。有时我们会在户外见到称为"蚊蛙"的一大团蚊虫集结在空中飞舞，那八成就是正在求偶的雄摇蚊。由于摇蚊的幼虫体内含血红素，因此身体呈红色，俗称"红虫"，居家角落的积水容器里常有机会可以发现。

不过这些天然的驱蚊材料，效果毕竟还是有限。大约19世纪晚期，日本人发明了含天然除虫菊精成分的蚊香，多年后并逐渐演变为今日我们所熟悉的灭蚊利器，以合成除虫菊酯为主要成分的螺旋状蚊香，而后更衍生出了电蚊香、液体电蚊香等产品。

我们所熟悉的牛仔裤，据说也和蚊子有段渊源。早期美国牛仔裤所使用的蓝色染料，是以蓝草作为原料进行提炼，采用此类成分所染制的裤子，兼具美观与防蚊效果。"蓝草"泛指马蓝、蓼蓝、菘蓝、木蓝等数种可作为蓝染的植物；其中如马蓝的成分气味因具有忌避功效，也曾被人类使用于驱虫，以避免蚊虫叮咬。大概是因为防蚊的目的，使得牛仔裤的颜色大多以蓝色为主。不过时至今日，牛仔裤所使用的染料几乎被合成染料所取代，已无抗蚊虫之功能。

假如以现在的眼光来看，天然染料制作的古早牛仔裤，与现代防蚊商品相比，其效果必然不见得理想；不过蚊子所带来的忧患无穷无尽，若有服饰业者推出标榜天然成分的"防蚊牛仔裤"，应当仍会有不少人跃跃欲试。

10　正在吸血中的白纹伊蚊。
11　猫蚤（*Ctenocephalides felis*）。
12　阔胸血虱（*Haematopinus eurysternus*）。

让人发痒的吸血昆虫

除了蚊子，吸血的昆虫中人们最熟悉的莫过于跳蚤和虱子。跳蚤在居家环境出现的频率并不太高，除非家中有饲养宠物，尤其有养猫经验的人较有机会见到。猫蚤为流浪猫狗身上最常见的种类，会寄生在这些动物的身上，以其血液为食。

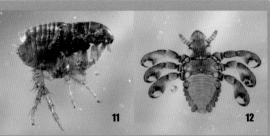

早期的环境里虱子相当常见，但随着卫生条件的改善，现在已较少出现在人身上，不过在哺乳类动物，如牧场中的牛身上还可以发现如阔胸血虱这类吸食牛血液的虱子。

Chapter 5

城乡绿地的
小生命

泥壶里的秘密

"蜾蠃"这个名词应该不算常见,看起来似乎不容易记住,且读音也很特殊。不过,可能有人曾在文言文里读过这两个字,因为此名词早在两千多年前就已被中国人所使用。蜾蠃指的是胡蜂总科蜾蠃科的一群昆虫,由于它们有造泥巢的习性,因此也被称为"泥壶蜂"。

许多蜾蠃的巢是用泥土做成的,外观就像个陶壶,是它们在生长阶段所居住的地方。里头提供了充足的食物,又有一层泥制屏障,看起来既安全又舒适。不过也有一些例外,由于蜾蠃的种类繁多且行为多样,也有部分种类的巢并非单纯的泥巢形式,而是将巢筑在枯竹、枯木等植物体中。

蜾蠃的"养子"?

古人观察蜾蠃的泥巢,发现蜾蠃常会把蛾类的幼虫"带回家",也就是携回自己的巢穴里。然而一段时间后,泥巢中钻出的却不再是毛毛虫,而是新生的蜾蠃。因此当时的人以为蜾蠃本身是不产子的,而是把非亲生的螟蛉视同己出,在泥巢中悉心哺育养大,最后受到调教的毛毛虫将长成蜾蠃的模样。

因此,在诗经的《小雅·小宛》中便有这么一段记载:"螟蛉有子,蜾蠃负之。"意思就是说,蜾蠃载负着螟蛉,回到自己所筑的泥巢里。这里

"螟蛉"所指的，即是某些蛾类的幼虫。也由于古人认为蜾蠃有养育螟蛉的习性，因此"螟蛉"这两个字的词义也被延伸为养子的代名词。

事情真的如前人所推测的那样吗？这样的观念，如果以现今我们的角度来看，当然违背生物成长的常理，毕竟一种生物在经过悉心调教后转变为另一种生物，终究是不可能发生的事。

到了魏晋南北朝时期，有位学者陶弘景对蜾蠃进行仔细的观察，才揭开了真相。陶弘景找来了一个蜾蠃的泥巢，经过行为的观察，并将巢剥开探究，他发现到，蜾蠃将非己所生的蛾类幼虫带回巢，并非是要养育它们，而是将之放置于巢中，要把这蛾类幼虫囤积起来作为食物借以喂养自己的后代。所以说，最初古人所推论的蜾蠃养育螟蛉，是不正确的，实际上是蜾蠃把螟蛉当作子女的粮食。

建造稳固的巢

蜾蠃雌蜂在繁殖期为幼虫所做的两件事，其一是准备好足够的粮食，至

1 　弓费蜾蠃（*Phimenes flavopictus*）在湿地上吸水。弓费蜾蠃又称虎斑细腰蜾蠃，是低海拔地区常见的蜾蠃，通常在靠近山区的地方特别容易见到。

2 　四刺饰蜾蠃（*Pseumenes depressus*）正在吸食花蜜。这种蜾蠃不造泥壶形的巢，而是选择在竹子的茎上钻孔育幼。

3 　这只大华丽蜾蠃（*Delta pyriforme*）为了寻找适合的筑巢地点，飞到杂物堆旁徘徊。

于另一件事，就是得先建造供幼虫居住的巢穴。除了成虫期，蜾蠃的发育过程是住在貌似陶壶的泥巢里。

蜾蠃的泥巢常出现在一些民宅的墙角、窗边或通风处，以及野外的树干上。当雌蜂选定位置后，便会开始搜寻潮湿的泥土，然后一次又一次地亲自搬运，将材料送到预定地点。接着慢慢用大颚将这些土块塑成壶状，周而复始，直至巢的雏形大致完成。如果土壤过于干燥，雌蜂就会前往有积水的地方，以口汲取水分，再吐出，与泥土混合成所需的泥浆。完工后，雌蜂就会在巢中产下自己的卵。待产完卵，最终的工作就是狩猎，寻找合适的猎物。

猎捕的对象通常是蛾或蝴蝶的幼虫。若发现符合需求的猎物，雌蜂便以尾部的螫针进行攻击，这么做能使之麻痹，接着雌蜂便将这失去行动力的猎物带回，顺着预先留下的小洞放入巢中。如此反复几回，待猎物的量足够，雌蜂才会停止狩猎，并将巢上的洞口封起。

蜾蠃的巢通常会构筑3~10个蜂室，亦即像小房间一样彼此隔开，每个蜂室产下一粒卵，这样可以让幼虫孵化后不会彼此干扰或误食同伴。卵孵化后，蜾蠃幼虫便以亲代事先准备好的猎物为食，在这衣食无虞的环境里成长，历经化蛹、羽化，等到变为成虫时再钻出巢。

泥壶里的生存竞争

我在一些公寓里也曾见过蜾蠃的泥巢，它们的巢是人们进行自然观察的很好的对象。蜾蠃的泥巢虽然有一层厚厚的泥土保护着，让当中的幼虫免受许多外在的危险，如其他捕食性的昆虫、蜘蛛等，然而有时也会见到一些成长失败的例子。

就谈谈我夏天时看到的一个泥巢吧。有次走入一间小吃店，我注意到店家的墙壁旁有一片塑胶围篱，那围篱上有一团泥土，与围篱相邻的水泥墙上也有两三团泥土，这些土块看起来像极了蜾蠃造的泥巢，但仅有围篱上的那一个外观完整，其余的皆残缺不全。事实上从这几个泥巢上的缺口可看出曾有蜾蠃从中羽化而出，意味着这确实为蜾蠃所制造。

当日，这个围篱上的泥巢恰好有一只蜾蠃羽化爬出，虽然距离初次见到它时仅过了一个半钟头。这只蜂停在泥巢旁，原来是一只弓费蜾蠃，这种蜾蠃在靠近山边的建筑物中颇常见。我将泥巢取下翻过来看，泥巢里共五个独立的空间，也就是蜂室。这些蜂室皆已空了，看来我所见到的是最后一只羽化的个体。

特别的是，五个蜂室中，有三个蜂室布满了疑似寄生性蝇类的蛹壳，以及蜾蠃幼虫的少许残骸，另两个蜂室则分别留下一只蜾蠃的蛹壳。这表示，五个蜂室的蜾蠃幼虫，只有两只顺利长为成虫；刚刚见到的，便是第二只。至于另外三只幼虫，推测应是被寄生蝇寄生而早已死亡。此外也有可能是巢中的猎物在被蜾蠃带回前，早已遭寄生蝇寄生，因而被其消耗殆尽，蜾蠃幼虫则因粮食不足而饿死。只能说，蜾蠃的天敌还是有办法突破这泥土屏障，真是一山还有一山高呀！

4　挂在围篱上的弓费蜾蠃巢。
5　刚羽化的弓费蜾蠃。
6　蜾蠃幼虫历经化蛹、羽化，等到变为成虫时再钻出巢。
7　将弓费蜾蠃的空巢剖开，可以看出这个巢共有五个蜂室。左侧两个蜂室的主人已成功羽化，右侧三个蜂室的主人则遭天敌寄生而灭顶，蜂室内留下的是幼虫残骸及疑似寄生蝇的蛹壳。
8　这只弓费蜾蠃的泥巢上有两个洞，是由成功羽化的弓费蜾蠃离巢时所造成的。

自然系
模特

倒三角的头、一对看似不好惹的镰刀手，这肯定是大多数人对螳螂的印象。螳螂是凶猛的杀手，天生肉食性，常埋伏在植物丛间，每当锁定猎物，便会迅速地伸出那对特化的镰刀状前足，捕捉目标。

看看螳螂的身体，无时无刻不高举着前足，再加上站立的姿态，以及能够灵活转动的头，以外形而言，在节肢动物中似乎没有比螳螂更加"拟人化"的生物了。

若对着螳螂拍照，事后端详起照片，你可能会发现，无论是从各种角度拍摄，螳螂那张三角脸，"眼珠"似乎总是不偏不倚地对着镜头！莫非它是天生的模特儿，懂得拍照时要注视镜头？

你在看我吗？

螳螂的一对复眼，是由无数六角形的小眼所组成。复眼中的那粒小黑点，往往看似对着眼前的你，貌似人类的瞳孔一般，让人误以为它正转动着眼珠，你走到哪它就瞪到哪。

其实，相机所拍到的螳螂眼中的"黑点"，其实是我们视线方向中，那些小眼底部细胞内的黑色素。由于有上万个小眼，于是我们无论从哪个方向瞧，都看得到、拍得到特定区域的色素（黑点），也就形成"对方"似乎都正好也盯着自己的目光、朝自己看的错觉。而螳螂虽有着广阔的视野范围，头部并且可大幅度旋转，但眼睛的构造其实是不能转动的。这看来

1

2

---

1 螳螂复眼中的那粒小黑点，往往看似对着眼前的你，貌似人类的瞳孔一般。
2 宽腹斧螳（*Hierodula patellifera*）若虫。
3 前看、侧看、俯看，怎么"眼珠"老是对着镜头？
4 螳螂为不完全变态的昆虫，若虫的外表近似成虫，但不具发育完整的翅。图为宽腹斧螳的若虫。

116

好像转来转去的黑点，被称作"伪瞳孔"；而这种现象在螳螂、一些甲壳类中特别明显。

螳螂的复眼还有一项特性，每当夜晚或者光线较暗时，会转变为深色。白天与身体颜色相同的眼，到了晚上则几乎呈黑色，仿佛是戴起了一副墨镜。其实，这是由于复眼中的色素，集中到了眼的最外层，这样的现象有利于一些夜行性昆虫在黑暗中的视力，也就是为了在晚上也能够看清楚四周，便于生存与觅食。

发现镰刀手"爱德螂"

螳螂这类昆虫在分类上属于螳螂目，全世界发现的种类有2000种以上，已知台湾地区所产约有20种。它们一般身形细长，略呈扁平，前足用于捕食，中、后足则用于步行。前翅外观为革质，后翅收叠其下，展开时呈扇状。

螳螂为典型的肉食性昆虫，平时移动缓慢，主要以活的昆虫为食，若虫及成虫均能够捕食蛾类、蝗虫等昆虫。许多种类的螳螂时常会停栖于植物上，在一些公园、校园、近郊树丛间都有可能见到它们的身影。

为利于捕捉猎物，镰刀状的前足长得特别粗壮，内侧并有一排锐利的刺，让被捉住的猎物难以挣脱。螳螂又有着能够灵活转动的头部，便于观察四周动静。螳螂为不完全变态的昆虫，若虫的外表近似成虫，但不具发育完整的翅。在多次蜕皮后，翅膀发育完整并达性成熟，成为成虫。

致命的吸引力

螳螂最广为人知的一项行为，就是雄螳螂冒着生命危险的交尾。螳螂的雌虫通常体形比雄虫稍大，腹部也较为粗大。交尾时，雌虫常将雄虫吃掉，或是将头咬掉；有时甚至在交尾前，雄虫便被对方当成猎物捕食。虽然这样的情况并非总是发生，若运气好，雄螳螂仍可在交尾后成功撤离。

雄虫被吃掉的情况，通常发生在空间狭小或食物有限时。不过牺牲性命的代价，则是补充了雌虫繁殖后代所需的能量营养。由于螳螂生性凶猛，专门捕食会动的生物，除了交尾以外的情况，同类间自相残杀也可能发生。

交尾后若干日，雌虫便将进行产卵。螳螂雌虫会分泌一层泡沫状物质，卵则包覆在其中，这物质在接触空气后会硬化结成块状，成为保护卵粒的卵囊。螳螂的卵囊又称为"螵蛸"，通常黏附在植物枝条上，一般而言，其内含有数十至上百粒的卵，能孵出许多小螳螂。

无论是行为或独特的生活方式，从螳螂的身上，我们总是能看见许多令人惊叹的本能。

5　宽腹斧螳成虫。
6　棕污斑螳（*Statilia maculata*）成虫。
7　台湾齿螳（*Odontomantis planiceps*）若虫。
8　名和小跳螳（*Amantis nawai*）雌虫。
9　螳螂晚上戴起了墨镜？其实是眼睛在夜晚改变了颜色。图为台湾斧螳（*Hierodula formosana*）成虫。
10　台湾斧螳（又称宽腹斧螳）的卵囊，常出现在树枝上。

墓园里的天牛观察课

想到天牛，你的脑海中应该会浮现出那修长的触角以及有花纹的坚硬身体吧？特别是那对长触角，看起来就像是牛头上的犄角，更让它们有了"天牛"之名。多往山上走走，总会有机会在野外遇见天牛，它们的种类繁多，身上的花纹有各种不同的样式，体形有大有小，通常很讨人喜欢。

然而我们却很少有机会看到天牛幼虫，这主要是因为大部分天牛的幼虫生活在树干里，它们以树木的木质部纤维为食，吃住都依赖树木，也不可能离开树木，所以我们很难亲眼看见天牛幼虫的模样。

天牛通常把卵产在树木的树皮下，卵孵化后，幼虫便会钻到树干中生活，直到羽化为成虫时再从树干钻出。由于不同种类习性各异，出现在各别树种上的天牛种类不尽相同。也有某些天牛的幼虫是以枯木为食，成虫偏爱将卵产在已死的树上，甚至有专门以树木的根部为食的种类。

天牛幼虫的藏身处

不过，有一种情况让我们这些都市人有机会观察到天牛的幼虫，那就是扫墓的时候。

清明扫墓时，大家不仅剪除杂草、藤蔓，也会一并砍去祖坟旁那些纠结的杂木、自然长出的树苗，现场会留下很多树枝的残片。由于墓园多处于山坡地，这类杂木林的环境适合许多天牛生长，因此那些残枝断干的缺口处有时就能发现天牛的幼虫，也有可能找到蛹，成了观察天牛生命各阶段的现成最佳教材。

如果在现场没有找到幼虫，也可以将一些废弃的树枝带回，用凿子割开来寻找；除了天牛，说不定还能找到其他的甲虫。尤其是那些表面看得到一些孔洞或木屑的树枝，很有可能就有天牛在里面。不过因为天牛的生活史长，大部分种类的幼虫期长达一年，或者一年以上，如果有意饲养，可能会是个不小的挑战。但如果饲养成功，便有机会进一步记录下蜕皮、羽化等过程。

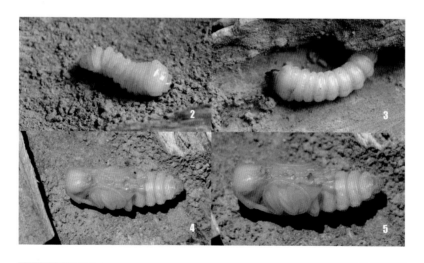

1 桑象天牛（*Mesosa perplexa*）是墓园里常见的种类，通常体长约15~17毫米。
2 桑象天牛的早龄幼虫。
3 桑象天牛的终龄幼虫。
4 桑象天牛的蛹。
5 蛹多半是静止不动的，除非受到碰触，才会剧烈地扭动身体。

以我的经验，墓地周边常自然长出构树及鸡桑等生命力强的树种。特别是构树一旦被清除后，没几年又会再长出一整片。清明时节在其树干中常能发现桑象天牛的幼虫，有时也会发现体形较小的桑枝小天牛。

桑象天牛的食性很杂，它的幼虫除了吃构树之外，乌桕、鸡桑、台湾相思等树木也都吃，枯树或活树里都有可能发现它的幼虫，甚至果树如百香果，也

6　桑象天牛，墓园带回的幼虫长成的个体。

7　这是一只刚羽化的桑象天牛，正常状态下此时的天牛还无法钻出树干。我们可以发现，其身上的毛呈灰白色，翅鞘（前翅）也还未伸展完成，这是因为身体尚未定型。隔几日后身上的毛将会转为正常的茶褐色。

8　桑象天牛的头部特写，请注意看有什么地方不一样。此图为羽化第2天，体毛为灰白色。

9　羽化第5天，体毛转为茶褐色，颜色与刚羽化时明显不同。

10　鸡桑（*Morus australis*）。

11　构树（*Broussonetia papyrifera*）。

是它取食的对象。桑象天牛的成虫身上有茶褐灰色的密毛，身上的斑纹类似树皮，构成良好的保护色。这种天牛成虫的食物和其幼虫类似，在野外可以观察到成虫会有取食树皮的行为。

天牛的成虫岁月

　　天牛羽化后的身体变化，也是另一项值得观察的主题。正常情况下，刚羽化的天牛，身体非常柔软且行动迟缓，几乎不活动，这个时期的天牛仍会藏身在树干中；至少必须经过3至4天，等到身体硬化定型，才会挖洞钻出树干生活。但如果在树枝中发现了蛹，只须将之静置几日，便能观察到天牛刚羽化时的模样。

　　若把天牛、锹甲、独角仙这三类常见的甲虫做个综合比较，可以从它们幼虫期的食物来了解其生活环境的差别。独角仙幼虫的食物主要是腐殖土，所以幼虫常待在比较肥沃的土中，有时也会出现在腐烂的朽木里。锹甲的食

12　桑枝小天牛（*Xenolea asiatica*）的蛹，长约7毫米。于构树断枝的缺口处发现。
13　桑枝小天牛，此为死亡的个体。
14　桑枝小天牛为小型天牛，通常体长只有约6~9毫米（不含触角）。

物则是以朽木为主。比较起来，虽然两者的食物范围都属于植物残骸，且有部分是重叠的，但是一般而言，锹甲取食的对象比较"新鲜"，也就是腐烂的程度较轻微。

至于天牛幼虫，取食的对象则通常是木材，可能是活的树或枯木。相较之下，天牛所吃的食物，又比锹甲吃的东西还要新。而有些略微腐朽的枯木也会与锹甲的食物有些重叠，所以若将枯倒木劈开，偶尔也可能同时发现天牛与锹甲的幼虫。

天牛在分类上属于昆虫纲鞘翅目的天牛总科，目前台湾地区已有记录的天牛种类超过600种，它们的种类繁多，并且所有成员都是植食性。天牛中有日行性的种类，也有专门在夜晚活动的种类。天牛幼虫主要吃木材纤维，而长大后的天牛成虫，也以特定的植物为食，且形式比幼虫更多样。有些天牛成虫的食物和幼虫类似，也是啃食树干或树皮维生，所以有时会对树木造成危害。有的种类则摄食特定种类树木的叶片、花或树液。另外也有部分种类的成虫是不进食的。

有些果农很讨厌天牛，一捉到就会立刻扑杀，这是因为农园里的果树往往也是不少天牛幼虫的食物。幼虫在树干内钻洞蛀食，对果树所造成的伤害可想而知。受天牛蛀食的果树，严重者甚至会整株枯死，造成重大损失。所以天牛中的一些常见种类，在人类眼里成了大害虫。

除了这里介绍过的天牛，近郊山区还可以找到哪些天牛的幼虫呢？这就有待日后由你来发掘了。

---

15 黄毛绿虎天牛（*Chlorophorus signaticollis*），是低中海拔山区常见的种类。
16 胸斑星天牛（*Anoplophora macularia*），又称马库白星天牛，平地至中海拔皆常见。寄主植物为柑橘类、苦楝及木麻黄等，是有名的柑橘、荔枝等果树害虫。
17 黄星天牛（*Psacothea hilaris*），是低中海拔山区常见的种类，也被视为桑树的害虫。
18 蓬莱巨颚天牛（*Bandar pascei*），又称刺缘大薄翅天牛。
19 蓬莱巨颚天牛是低中海拔山区常见的种类。

花红叶绿间的蓟马

路旁的榕树有几片树叶看起来不太一样，两侧朝向中央对折，是人为刻意造成的吗？不仅如此，有些叶子更是卷成了长条状，表面还布满了红色与黑色的斑点。如此的外观不禁让人联想到餐桌上的水饺与火锅料，莫非叶子里包覆着某些惊喜？

卷曲的虫虫睡袋

任选一片卷起来的叶子，翻开来一看，赫然发现数只体态纤细、瘦瘦小小的生物藏身在叶片里。原来这些卷起来的树叶不光是"蓟马"的杰作。同时也是它们栖身的大本营！觉得蓟马这个名词听起来很陌生吗？其实它们跟

1

2

3

哺乳类的马儿可一点关系也没有，而是一群植物上常见的昆虫。不过由于它们长得太小了，小得让人不容易发现，再加上它们总是喜好藏身在植物上隐秘的缝隙处，行动敏捷，因此容易使人忽略它们的存在。

体形微小是蓟马家族成员的特色之一，常见的蓟马体长一般只有两三毫米那么点大，仅有少数种类体长会超过一厘米。它们外表的颜色常呈淡黄色、褐色或黑色。尽管它们的身体如此小，不过从那又尖又细长的腹部，再加上短小的足，我们可以轻易地将它们与蚂蚁、蜘蛛等小动物做区别。

多样貌的蓟马集团

蓟马在台湾地区从平地至低海拔山区皆有分布。台湾产的蓟马种类数在100种上下，全世界的种类则有上千种之多。

大部分的蓟马以植物汁液为食，一般常见于植物的茎、叶、花上。但也

---

1 翻开树叶，蓟马现形，原来是一群榕管蓟马（*Gynaikothrips uzeli*）。
2 图中黄白色的个体为榕管蓟马的若虫，若虫除了体色浅，身上的翅也尚未发育完全。
3 图中黑色者为成虫，榕管蓟马体长约1~3毫米，四周散落的椭圆状物为蓟马的卵以及若虫孵化后留下的卵壳。
4 榕树是都市环境中的常见树木。
5 榕树的革质叶片相当厚实。
6 蓟马使榕树的叶片卷起，并布满红色斑点。
7 找到这种叶片就不难搜寻到蓟马的踪迹。

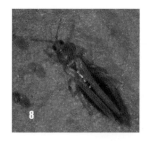

有少数以花粉为食，以及肉食性的种类。植食性的蓟马一般以刺破、划开植物表皮，吸取汁液的方式进食。某些种类蓟马的取食会造成植物树叶变形或不正常生长，路边榕树上发现卷起来的叶子便是一个例子。榕树上常见外表黑色的榕管蓟马，它们能够促使树叶由边缘向中央卷曲呈圆筒状，并藏匿其中。

榕管蓟马的雌成虫会将卵产在叶子表面，一群榕管蓟马诞生后，以榕树叶的汁液为食，常常造成树叶卷曲变形，叶子表面则出现褐色如烧焦般的斑块，久了以后叶子将会枯萎。公园或郊外有榕树的地方，叶子上很容易发现它们。

不同种类的蓟马食性不尽相同，除了榕树上的种类，也有专门吃食花卉、蔬果的蓟马。人类社会里，许多植物上都有蓟马的存在，尤其是在农作物上，因此它们与人类的关系相当密切。蓟马普遍存在于农田里的各种花卉、蔬菜、果树，常因取食造成叶片外表变色；当作物遭到大量蓟马取食，则会导致叶片干枯脱落。另外，它们也可能携带病原体，传播植物疾病而影响收成。许多蓟马会将卵产在植物的嫩芽、嫩叶或花瓣的组织内或表面借以繁衍后代。

8　黄胸蓟马（*Thrips hawaiiensis*），体长约1.5毫米，这种蓟马常见于花卉与蔬菜上。
9　榕管蓟马伸展翅膀。
10　榕管蓟马背部的翅膀平时为收折状，展开时可见其外观有如鸟羽毛一般。
11　停在眼镜上的榕管蓟马，看它有多小！走在行道树间，有时这类小虫子会飞到人身上，就像这只降落在我脸上的蓟马。
12　榕萤叶甲（*Morphosphaera chrysomeloides*）。
13　网丝蛱蝶（*Cyrestis thyodamas*）的蛹。
14　网丝蛱蝶的成虫。
15　长斑拟灯蛾（*Asota plana*）的卵。
16　长斑拟灯蛾的幼虫。

羽毛状的缨翅

独特的翅膀可说是蓟马的招牌特征，蓟马的翅膀很特别，虽然如同大部分昆虫一样，蓟马具有两对翅膀，然而蓟马成虫的翅膀主要由布满许多细毛的长形主体构成，外观如同迷你版的鸟羽毛。虽然这样的构造边缘是由许多毛组成，并不像蜜蜂的翅那样具有膜质的区域，对它们来说仍然可用以飞行。蓟马家族在分类上属昆虫纲中"缨翅目"。"缨"，指的是用丝线般的穗状饰物、绳索等物体，即是形容它们特别的翅。

虽然许多蓟马因为会影响植物生长而被人类视为害虫，不过也有对人类有益的种类。许多居住在花中的蓟马能帮助植物授粉，肉食性的种类则会捕食蚜虫等小型害虫。尽管蓟马长得如此微小，细细探究倒也能发现当中的许多奥妙。

 The Fascinating World of Urban Insects

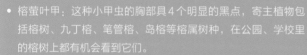

榕树上有机会见到的虫虫

- 榕萤叶甲：这种小甲虫的胸部具4个明显的黑点，寄主植物包括榕树、九丁榕、笔管榕、岛榕等榕属树种，在公园、学校里的榕树上都有机会看到它们。
- 网丝蛱蝶：这种蝴蝶又称石墙蝶，翅上具有特殊的深色花纹，幼虫取食多种榕属植物，在公园的榕树上偶尔可发现它们，野地郊区里则数量更多。
- 长斑拟灯蛾：或称长斑拟灯夜蛾，分布广泛，平地至中海拔地区皆可见，幼虫以榕属植物为食，常出现在榕树、棱果榕等榕属树木的叶子上，尤其在榕树上特别常见。

天生的纸雕艺术家

有只马蜂停在步道旁的护栏上，它在做什么呢？仔细一看，咦？它正卖力啃咬着木制的扶手！难道蜂儿平时除了采花蜜之外，还有其他不为人知的"副业"吗？

答案揭晓！

其实，它之所以这么做，是为了要"盖房子"。马蜂的巢本身几乎可说是由纸所构成的，四处找来的这些木质纤维，能作为蜂巢的材料。举凡树木、木材、木质的藤蔓等，都是它们重要的筑巢资源。

用纸做成的家

春天时，开始有零星的蜂类出现。马蜂的雌蜂从越冬中苏醒后，开始忙着筑巢，户外逐渐可见新构筑的蜂巢。当蜂巢有了大致的雏形，雌蜂便开始产卵。一段日子后工蜂诞生，雌蜂便不再外出，担任起蜂后的角色，留在巢中专司产卵的工作。

2

团体生活、分工合作，是真社会性昆虫的特性。在巢里生活的马蜂，阶级分为蜂后、雄蜂、工蜂，而工蜂是没有生育能力的。每当一只工蜂长成，它们便必须分担整个团队的工作，任务之一便是让幼虫能够安全顺利地成长。为了哺育后代，马蜂的工蜂必须努力筑巢，提供足够的空间容纳幼虫。

于是马蜂不断地搜集以树皮为主的植物纤维，它们咬下纤维，再与唾液、水混合，咀嚼咬碎成为纸浆状。这些纸浆便成为了"建材"，能用来建造或修补蜂巢，所以巢本身其实是用纸做成的。逐日地分工作业，蜂巢和蜂群便渐渐扩大。有时马蜂也会就地取材，取用人类丢弃的纸类以及木制品为原料，所以若见到蜂巢上有疑似印刷品的纸张痕迹，也不用太感到意外。附带一提，蜜蜂的巢可与它们不同，蜜蜂是以工蜂本身所分泌的蜂蜡作为筑巢材料，而不须四处搜集材料。

1　筑巢初期，陆马蜂（*Polistes rothneyi*）雌蜂（蜂后）身兼多职，一面建造巢，一面还要负责育幼。陆马蜂常出现在野外或平地活动，此巢位于一棵吴茱萸的树干上。

2　陆马蜂停在一处木制护栏上，正卖力地啃咬着，原来它打算咬下木材的纤维，带回去利用。

3　　　　　　　　　　4　　　　　　　　　　5

　　我们在野外的树木上，常可见到胡蜂类（包括马蜂、胡蜂等）或树栖蚁类（常为举腹蚁）以植物纤维所制成的巢。两者对照，可发现胡蜂的巢通常附有短柄，悬挂在树枝下，巢的质地类似纸张；蚁巢则往往没有短柄，主体包覆在树干上，且质地粗糙。因此以造型来讲，蜂巢可是比蚁巢来得精致许多。然而"胡蜂"与"马蜂"的巢之间，彼此又有差异。胡蜂的巢通常是封闭式的，外部包了一层壳，使得外表看不见六角形的蜂室，内部不但复杂，又具有多层的结构。马蜂的则为开放式，蜂室外露，外表可见许多开口朝向地面，也比较容易观察。

6

　　若以规模来说，一个成熟的胡蜂巢仿佛多层楼的建筑，马蜂巢则只有一层楼；因此，一窝胡蜂的数量可达一窝马蜂巢的数倍。除了巢的规模以外，它们的习性也大不相同。在马蜂的巢周围，除非我们主动骚扰或是触碰蜂巢，一般并不会遭受攻击；胡蜂则相当危险，常主动攻击接近其领域的生物，蜇伤人畜的事件时有所闻。这些胡蜂类的蜂巢，周期通常为一年，到了冬天往往便面临废弃的命运。大约秋季以后，巢里会逐渐出现有生殖能力的雄蜂与雌蜂。雄蜂在交尾后会逐渐死亡，巢中的蜂后、工蜂也将陆续死去，雌蜂则开始准备越冬，等待隔年春天来临。

用肉球大餐喂食下一代

有时在野外能见到马蜂、胡蜂等蜂类四处狩猎、猎捕其他昆虫的画面。这样的行为，其实并不是打算将猎物作为自己的食物，而是为了将这些食物携回巢内，用以喂养幼儿。马蜂幼虫是肉食性的，与素食主义的蜜蜂大不相同。

这项工作一般由工蜂进行，狩猎的对象则是以蝶蛾类幼虫为主，但它们也会猎捕蝉、竹节虫等昆虫。每当发现猎物，即以大颚将猎物撕裂、咀嚼，并以足辅助将其搓揉成肉球状。肉球完成后，便将其带回巢中。一般在回巢后，在巢上待命的同伴会向前切割瓜分之，随后分别将这些小肉块拿来喂养幼虫。尽管猎杀昆虫的行为骇人，事实上成虫却非荤食，仅以花蜜、花粉为食。

7

3　屋檐下的乌胸马蜂（*Polistes tenebricosus*）以及它们所筑的巢。乌胸马蜂的巢常常出现在乡村的建筑物旁。

4　这只乌胸马蜂蜂后居然把巢的位置选在监视器上！

5　乌胸马蜂的巢特写，当中可见六角形蜂室内的幼虫。

6　这是树栖性蚁类的巢，与蜂巢相较，看起来粗糙了许多。

7　访花中的乌胸马蜂。

一般我们所称的"马蜂"，是指膜翅目胡蜂科马蜂亚科的种类。因为这些蜂飞行时，细长的后足悬在空中，看起来似乎占身体的比例不小，因此日本人称之为长脚蜂。此外因为它们造巢的习性，英文也常称之"纸蜂"。

部分种类的马蜂，筑巢地点经常邻近人类的建筑物、活动区域，有时也会寄人篱下，直接在近郊居家房舍的屋檐下定居，可说是一群与人类生活相当接近的昆虫。

尽管部分大众对于一些蜂类的印象或许偏向负面，甚至避之唯恐不及，因为它们具有攻击性；不过从生态的角度来看，胡蜂类除了能够帮助植物授粉，也能捕食森林害虫。它们具有维持生态平衡、控制害虫密度的功能，对人类来说，可是扮演益虫的角色。此外，它们也是鸟类、某些蜘蛛或其他昆虫的食物。野外的蜂巢其实也是很好的教材，可以让人类从中认识蜂类的生态，除非巢的位置对人类而言有安全上的顾虑，才需要考量是否请专家进行处理。

胡蜂与马蜂

俗称的"胡蜂"（Wasp）一词，牵涉到许多不同种类的蜂，其中较为人所熟知者为胡蜂、马蜂以及独居性的蜾蠃。胡蜂和马蜂是过着团体生活的社会性昆虫，蜾蠃则属于独栖性。它们的共同点为身上具有由产卵管特化而成的螫针。

台湾胡蜂的成员包括胡蜂总科中的胡蜂属（*Vespa*）的种类，马蜂的成员通常是指马蜂属（*Polistes*）的种类；此外铃腹胡蜂属（*Ropalidia*）、异腹胡蜂属（*Parapolybia*）也常被归为广义的马蜂。马蜂的蜂巢通常为一层悬吊在空中的蜂室，胡蜂的蜂巢结构较为复杂，其外有层外壳，内部具多层蜂室。

8　一只正在啃树皮的棕马蜂（*Polistes gigas*）。它这么做也是为了取得木屑来筑巢。

9　在湿地上摄取水分的棕马蜂。棕马蜂为体形较大的种类，其体长可达4厘米。

10　正在搓肉球的陆马蜂。

11　黑尾胡蜂（*Vespa ducalis*）是一种低海拔地区常见的胡蜂。

12　一个刚建立没多久的胡蜂巢，巢的外表看不到蜂室。

13　陆马蜂会拿搓好的肉球来喂食幼虫。

1

花椰菜上的
小菜蛾

不少家庭主妇应该会有这类经验，发现刚买回来的新鲜花椰菜，里头爬着绿色、小小的菜虫，或者茎上面粘着特殊的茧。不只如此，这菜虫的成虫偶尔也会露面，可能就在准备切菜之际，突然活生生地从食材里飞了出来。不过，以上遭遇或许多数人都还能接受，大家比较不愿见到的，想必莫过于当食材已下锅，熟透了的虫子才赫然浮现，若餐饮业发生这种事情，甚至还会引起消费者与餐厅经营者间的纠纷呢！

曾经看过一则新闻，一间连锁餐饮店的火锅汤头里发现了数只绿色的菜虫，让顾客差点一口吞下肚（说不定已吞下若干），紧接着镜头拍到了引起问题的食材，是花椰菜！这些到底是什么虫呢？

仔细看了看电视上播放的影像，原来又是小菜蛾惹的祸。

其实会啃食花椰菜的昆虫颇多，以我自己的经验来说，菜市场买回来的新鲜花椰菜上所发现者，以小菜蛾的幼虫最为常见。它们是随着采收的蔬菜一起被带到市场，再辗转来到消费者的手中。不过这种外形不起眼的蛾类成虫，大家可能比较不熟悉。

2

十字花科蔬菜上的常客

小菜蛾是田园中的常客，在都市或乡下的菜园里也很容易被找到。它们也被称为菜蛾、方块蛾，是世界上有名的蔬菜害虫。小菜蛾幼虫会啃食许多种类的栽培蔬菜，因此农民在田里栽种的卷心菜、花椰菜、萝卜、包心白菜等植物上面，经常能见到它们的踪影。目前已知小菜蛾的寄主植物达30种以上，但仅限于十字花科的植物。

人类食用的蔬菜大部分属于植物的叶子，叶子表面就算长了虫，也容易挑去或随着清洗而除去虫体。然而我们所吃的花椰菜，属于植物的花，花梗分枝密布，所以有不少缝隙，不但容易让小虫藏身，采收时也不易徒手去掉虫体。进食中的幼虫或者刚羽化不久的成虫，便有可能随着采收被人们携入室内。这大概就是为什么花椰菜上特别容易发现小菜蛾的原因了。

小菜蛾的幼虫外表黄绿色，躯体的两端较为纤细，中央则显得较粗大。由于幼虫受到惊扰时，经常会利用丝以"垂降"的方式，从叶子或枝条掉落借以逃避敌害，因此它们又被称为"吊丝仔""吊丝虫"。小菜蛾幼虫期共分为四龄，初龄幼虫仅取食叶的叶肉，留下叶片的上表皮，因此菜叶上会形成

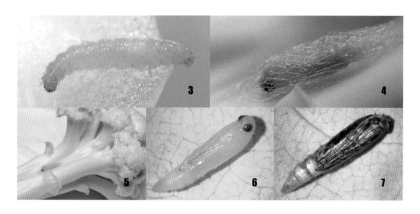

1　小菜蛾成虫停栖时，一对前翅合拢，这道波浪状纹路便会呈现出近似三个相连菱形的模样。
2　小菜蛾的幼虫、茧以及几只蚜虫，出现在菜园里的油菜叶子上。
3　小菜蛾（*Plutella xylostella*）的幼虫。
4　这是小菜蛾的茧。
5　菜市场买回来的花椰菜，里头赫然发现一个奇特的茧。
6　小菜蛾茧中的蛹之模样。
7　即将羽化的小菜蛹，已透出体色。

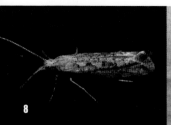

8　　　　　　　9　　　　　　　10

"开天窗"般的透明层，这其实是仅存表皮的缺口。3至4龄的幼虫则会将叶子啃食成孔洞，一旦族群量增加，整株植物往往会变得坑坑洞洞的，或者将叶片全都吃光，而造成农作物的损失。

发育成熟的小菜蛾幼虫会在植株上吐丝，结成一层薄薄的茧，并在茧中化蛹。茧呈灰白色，外观有如薄纱，黄绿色的蛹则藏身其中。同样地，蔬菜上亦能发现小菜蛾的卵，其卵外观呈淡黄色，通常会零星散布在植株上，但因其体积微小，比较容易被人忽略。

小菜蛾和许多常见的蝶蛾一样，以植物为食的阶段仅限于幼虫期，成虫则以花蜜、露水为食。成虫体长约0.6至1厘米，身体和翅膀外表呈灰褐色，前翅后缘具有一道黄白色的波浪状纹路，是它们最明显的特征。当成虫停栖时，一对前翅合拢，这道波浪状纹路便会呈现出近似三个相连菱形的模样。

小菜蛾在台湾一年大约有15至20代，繁殖快速。成虫昼伏夜出，虽然飞行能力有限，但它们能顺着风飞行，向远处大范围散布，因此助长了它们成为蔬菜的大害虫。

有虫即有机的迷思

既然小菜蛾这么常见，它们的出现能否跟有机蔬菜画上等号呢？每当我们发现花椰菜上有虫，是否意味着它没有喷农药，是比较"安全"的蔬菜

8　此为小菜蛾冬天的个体，背侧的斑纹较不明显。
9　小菜蛾成虫的身体和翅膀呈灰褐色，前翅后缘具有一道黄白色的波浪状纹路，是最明显的特征。
10　春节期间从菜市场买菜回来后，家里的墙壁上便出现了小菜蛾的成虫。
11　菜粉蝶（*Pieris rapae*）的幼虫。
12　出现在公园里的菜粉蝶。菜粉蝶的外表跟东方菜粉蝶非常相似。
13　东方菜粉蝶（*Pieris canidia*）的幼虫。
14　在公寓阳台种一盆油菜，结果吸引到东方菜粉蝶前来。它们不仅在油菜上产卵，成虫也会吸食油菜花的花蜜。

呢？那可未必，因为小菜蛾最令人头痛的问题，就是严重的抗药性。自从1953年发现小菜蛾对DDT产生抗药性后，人类便察觉到它们非等闲之辈，能够逐渐适应不同的化学药剂。

何谓抗药性呢？简单地说，即某种用于防治害虫的有效农药，使用一阵子之后效果逐渐降低的现象。比如说，引进一种新农药，初期可以顺利扑灭田间的小菜蛾幼虫；然而经过数年的使用，小菜蛾可能逐渐适应此农药，变得难以消除。

在药剂种类有限且药效降低的情况下，为了不影响收成与贩售，有些农民尝试使用生物防治的手法，或配合耕作防治，例如以轮作的方式抑制害虫蔓延，以期能缓解害虫问题。不过也有业者为了压制这群害虫，而逐渐增加农药剂量、施用次数，但就算超量使用农药，恐怕也难以将它们杀死，而且这样一来，成本与所造成的污染反倒大幅增加。因此该如何避免抗药性的产生，已成为当前小菜蛾防治的重要课题。

菜园里常见的两种蝴蝶

到菜园里走一圈，十字花科的蔬菜如甘蓝、花椰菜、油菜等，这些植物上可能会见到一些绿色的毛毛虫。这些外表绿色的毛毛虫，不只是小菜蛾的幼虫，当中也可以找到蝴蝶的幼虫。菜粉蝶的幼虫是比较常见的种类，有时也会发现东方菜粉蝶的幼虫。

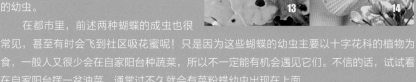

在都市里，前述两种蝴蝶的成虫也很常见，甚至有时会飞到社区吸花蜜呢！只是因为这些蝴蝶的幼虫主要以十字花科的植物为食，一般人又很少会在自家阳台种蔬菜，所以不一定能有机会遇见它们。不信的话，试试看在自家阳台摆一盆油菜，通常过不久就会有菜粉蝶幼虫出现在上面。

菜粉蝶和东方菜粉蝶的幼虫有时会混在一起出现，要怎么区分两者呢？通常这些幼虫身体背侧会有一条黄色中线，东方菜粉蝶的中线清晰而易见，而菜粉蝶身上的中线较不明显，或者甚至几乎看不到中线。这两种蝴蝶成虫的外观也非常类似，不过东方菜粉蝶的后翅背侧的边缘有一整排的黑斑，而菜粉蝶后翅背侧则几乎呈白色，仅有一枚黑斑。

莲雾
大头虫

春天的莲雾树，叶子上总是布满了被虫咬过的痕迹。因为栽植普遍，莲雾这种果树在平地或一些小山坡上很常见。只要在布满缺口的枝叶上稍微留意一下，经常可以找到这叶子上坑洞的制造者：一种外表滑稽的毛毛虫。

这种毛毛虫跟一般植物上常见的蝶蛾幼虫比起来，它们的身体构造显得与众不同。虫子的前半身，像是长了瘤般地肿起，看起来颇为沉重。若是远看，说不定有人会把它误认为蜗牛，那么请再靠近点看，其实它们还是有着一般毛毛虫的特征。

戴着安全帽的毛毛虫

这些外表奇特的生物是"赭夜蛾"的幼虫。肿大的肉瘤其实并非头部，也不是因为受了伤所以肿大，而是它们特化的胸部。真正的头则藏在前端，平时只露出一小部分。

这种蛾类分布在低中海拔山区，寄主植物为多种桃金娘科的植物。幼虫所取食的桃金娘科植物，除了常见的莲雾之外，像"水翁"这种引进的乔木也是它们的食物之一。它们常会危害栽培的莲雾果树，因此也算是一种相当常见的害虫。

2

赭夜蛾又名"莲雾赭瘤蛾"，是低海拔地区常见的蛾类。"赭"这个字，是指赭红色，表示暗红、红褐色的意思，名称源自它们成虫的颜色。成虫外观为红棕色，并具有一对鲜红色的双眼。幼虫一般为绿色、褐色，胸部肿大。平时它们将头部藏在胸部前，只露出一部分，看起来就像是一颗长了瘤般的大头。至于为何要背负如此庞大的胸部构造呢？据推测，膨大的胸部除了贮存养分以备不时之需，还有着防御敌害的功用。就像是戴着一顶安全帽一样，巨大的肉瘤覆盖着头，同时也保护着头部。

3

1 赭夜蛾（*Carea varipes*）的幼虫，模样相当逗趣。
2 赭夜蛾幼虫一般为绿色、褐色，胸部肿大。平时它们将头部藏在胸部前，只露出一部分，看起来就像是一颗长了瘤般的大头。
3 只要在布满缺口的莲雾枝叶上稍微留意一下，通常不难找到罪魁祸首的昆虫。

作茧自缚是成长的必经过程

在莲雾树上搜索一番，还可以发现一些赭夜蛾的茧。茧对蛾类来讲颇为常见，许多蛾类都有造茧的习性，就像蚕蛾一样。这些由一条条丝线紧密织成的茧，主要可以保护不具行动能力的蛹不受天敌危害，并且能防雨避旱。赭夜蛾的幼虫在化蛹前制造褐色的茧，将身体包覆在茧内，就像裹了一条毛毯一样。尽管蝶蛾类幼虫都有吐丝的能力，但蝴蝶的蛹通常是裸露着，仅由一道丝线固定在植物上而不造茧。

看来它们不仅是幼虫与众不同，茧的外表也相当特殊。这些茧的表面，特别是两端，密集散布着奇特的刺状构造。细看这些刺，是由毛状丝线聚集而成，坚挺而带有韧性。再看看这些茧的位置，也相当多元化。有的茧简单地附着在叶片背面，有的则是把邻近的几片树叶"缝"在一起，紧密地覆盖着茧。看来这些茧也是大有文章，不仅幼虫时期可以保护自己，蛹期也能制造出颜色近似枯叶的茧以躲避敌害，甚至再将树叶作为第二道屏障，安稳地藏匿其中；茧外的刺状构造也能吓阻别种生物接近，保护自身安全。假以时日，便能蜕变成肥嘟嘟的成虫。

混淆视听的生存法则

把自己想象成取食昆虫维生的动物，例如鸟类，当见到一只如此外貌的虫，也许会将它误认为蜗牛，并把腹部末端的圆锥状突起当作是头部。如此一来，覆盖在肉瘤下的头部要害便得以躲过致命的一击。然而如果当我认定这是一只虫，而非蜗牛，也许会将胀大的胸部视为它的头部；同样地，受层层包裹的真正头部仍然可以在第一时间躲过攻击，并伺机逃窜。在大自然里，许多生物的外表都能够混淆视听。我们对于外在现象的论断也许都不是正确的，甚至似是而非。外表的假象，往往蒙蔽了事实。

4　赭夜蛾的茧，外表有一些由丝构成的黑色刺状构造，摸起来柔软带有韧性。

5　树叶上有一粒赭夜蛾的茧，而另一只终龄幼虫也看上这个位置，依附在同伴的茧旁，也准备吐丝作茧。

6　赭夜蛾的成虫外观为红棕色，并具有一对鲜红色的双眼。

7　赭夜蛾又名"莲雾赭瘤蛾"，是低海拔地区常见的蛾类，名称源自它们成虫的颜色。

6

7

与螽斯的亲密接触

关于螽斯，我有两件记忆深刻的事。

我童年刚上小学时，热衷于探索校园里的昆虫。那阵子总喜欢把螽斯和蝗虫捉来观察，仔细端详后再放走。每次抓在手上，其实就是看看这只认不认得，是否还有机会找出"没见过的虫"。想要接近这些小昆虫并不难，只要走过教室前草地，或者拨开一丛稍长的芒草，蝗虫、螽斯便纷纷飞出，有时在草地上还能找到螳螂、叶蝉等昆虫。

原来螽斯也吃荤

小时候的我误以为螽斯、蝗虫皆是温和的植食性昆虫，毕竟它们皆有一对强而有力的后足，善跳跃，体色相似、体形相当。直到有一次，我徒手捕捉一只巨大拟矛螽成虫，才赫然惊觉，这看似纤细的生物，它与外形相仿的蝗虫原来并不一样，习性也有些不同。

我在一根稍长的芒草叶上发现它。那只巨大拟矛螽体长约有8厘米，这样的大小在那时对我来说当然是前所未见地庞大，看来似乎很有挑战性。捉住它后，我以手轻轻捏着它的胸腹之间，正打算看个究竟，没想到它居然转过头，一口咬住我的手。惊吓之余，当下手便松开，它马上跳回了草堆里。此后，我接触螽斯也变得特别谨慎，生怕再给咬上一口。后来的几年间，除了观察到巨大拟矛螽及其他种类螽斯捕食小昆虫的行为，也陆续从朋友口中听到不少接触巨大拟矛螽时被咬的案例，看来这种螽斯的攻击性还真是声名远播。

就一般习性而言，蝗虫是植食性昆虫，大多为日行性。而螽斯则是杂食性，它们除了以植物叶片为食，也会捕食其他的昆虫，行为以夜行性为主。

1   2

但其实巨大拟矛螽这种螽斯本来就生性凶猛，具有一对强壮的大颚，且地域性强；至于其他的螽斯似乎就没有那么具有攻击性。

夜里的情歌

另一个经历是冬天夜晚时纺织娘鸣声的震撼。很多人应该都听说过，螽斯能够发出鸣声，因此向来有"纺织娘"的美名。夜里此起彼落的鸣声，其实对螽斯来说别具意义，因为声音是螽斯沟通的工具。我们口语上或许常会称螽斯发声的动作为"鸣叫"，但实际上，这声音来自摩擦翅膀所发出的声响，并非由口部所"唱出来的"。一般只有螽斯雄虫才有发声的构造，雌虫则是不发声的。有不少种类的螽斯，发出的声音不仅音量大，且音色尖锐如机械声，类似早期织布机运作的声响，这对人类来说或许没有想象中动听。

我曾在冬天的夜晚，听见草地上的螽斯集体作响。从各个声音的来源判断，听起来似乎大部分为同一种类，那音色单调而且极为响亮。我将目光往最近的一处声源搜寻，手电筒一照，发现两只纺织娘停在草地上，彼此相距不远。一只是正鼓着翅膀的雄性，鸣声也正从它身上传出来；另一则为雌性，应是受雄性鸣声吸引而前来。当然四周仍有不少它们的同伴藏身在距离较远的植物丛里。

我一边观察，同时听着这只雄虫鸣声的节奏。当它开始发声时，会先有一段声响强弱交替的"前奏"，之后接着的是较整齐、音量平均的"主奏"。与其他各种螽斯相比，它的音量算是颇大的。这群螽斯的合奏，几乎可以比拟夏天白昼时蝉鸣那般响亮，不过并不至于让人觉得刺耳。

---

1 日本条螽（*Ducetia japonica*）的雌成虫。日本条螽分布于低海拔环境，是草地上很常见的种类。

2 纺织娘（*Mecopoda elongata*）成虫。常见的螽斯，体色常为绿色或褐色，体形大，鸣声响亮。

3 草地上的巨大拟矛螽（*Pseudorhynchus gigas*）若虫。巨大拟矛螽的成虫体长可达8.4厘米（不含触角），为台湾所产螽斯中体形最大者。

我再将这只纺织娘雄虫捧在手上，它并没有逃跑，也没有任何打算起飞或跳起的动作，我猜也许是当时气温太低以致行动缓慢吧。然而它们居然能在这样的环境下鸣叫，且发出如此高的音量，带给冬夜格外特别的气氛。而此后因为工作的关系，我较少在夜晚出门，便很少再听到类似的集体鸣叫。

纺织娘的声音语言

除了前述提到的两种螽斯，夏天、秋天时在草丛或树木间还可以发现很多常见的种类。当然不同种类的螽斯，其雄虫所发出的鸣声声调、音量皆不同，各有其特色。

一般我们听到螽斯鸣叫，主要是在夜间。特别是繁殖季节时，鸣声群起，热闹非凡。螽斯发声的原理，主要是摩擦前翅，利用翅上凸起的构造相互摩擦而发出声音。如果要形容这机制，就好像是我们伸出食指，将指甲沿着一把梳子划过，指甲与梳子齿列间摩擦发出声响那般的情形。

鸣声对螽斯本身而言，具有求偶、宣示领域、示警的效果。其中求偶是最主要的目的，我们最常听到的，也就是螽斯雄虫为求偶所发出的鸣声，称为"正趋鸣叫声"，对雌虫具有吸引的效果。当螽斯感受到周围有其他同性竞争，也能发出具有较多音节的声音进行威吓，以争取交尾机会，这类鸣声称为"攻击声"。若螽斯雄虫遭天敌或被人类捕捉时，这时我们可能会听到受困的螽斯发出断断续续的鸣声，这种鸣声则称为"抗议声"，可警告同类停止鸣叫，用意是避免被天敌发现行踪。

长相雷同的直翅目昆虫

先前提过，螽斯和蝗虫的外表相似，这两类昆虫同为直翅目的种类。但其实我们可以从几处特征来区别两者间的不同。其中几处最容易辨识的地方为：螽斯的触角为丝状、细长，通常长度超过身体；蝗虫的触角较短且粗。我们在螽斯雌虫的腹部也常可见到一根细长的产卵管，蝗虫的产卵管则常为钩状且长度短。螽斯前足上具有一对听器，又称"鼓膜器"，内有声音感觉细胞，功能相当于我们的耳朵；蝗虫的听器则位于腹部，蝗虫成虫的听器平时因为被翅所覆盖，因此通常是看不见的。

其实善于发声的直翅目昆虫不只是螽斯，还有我们所熟知的蟋蟀，蟋蟀发出声音的方式与螽斯较为类似，也是依靠摩擦翅膀发声。而许多蝗虫也有发声的能力，然而蝗虫发声的方式不同于螽斯，而是以摩擦翅腿的方式发声，由于发出的声音往往并不明显，因此不太容易被我们发现。

4　秋冬时节的夜晚，纺织娘在植物丛间求偶。
5　纺织娘停在浓密的树丛间，不停地摩擦翅膀所发出的求偶声响，是暗夜吸引雌虫的唯一途径。
6　截叶糙颈螽（*Ruidocollaris truncatolobata*）是中低海拔山区常见的螽斯。
7　大草螽（*Conocephalus gigantius*），常停栖在草丛上方，为低海拔地区常见的螽斯。
8　蝗虫的触角粗短，体色通常为绿色或褐色。此为斑角蔗蝗（*Hieroglyphus annulocornis*）。
9　蟋蟀的触角长，体色常呈暗褐色。此为黄斑钟蟋蟀（*Cardiodactylus novaeguineae*）。

The Fascinating World of Urban Insects

蝗虫、螽斯与蟋蟀

蝗虫、螽斯与蟋蟀皆为直翅目的昆虫，彼此为近亲，因此外形相似。它们均具有跳跃式的后足、咀嚼式的口器，以及特殊的听器与发音构造。

蝗虫和螽斯体色常为绿色或褐色，蝗虫的足较粗壮，螽斯则较纤细，身体也较为扁平；蟋蟀体色则较深，一般偏暗褐色。蝗虫的触角短，螽斯和蟋蟀的触角较长，螽斯触角长度甚至超过自身体长。蝗虫成虫的产卵管呈短钩状，螽斯的产卵管常为细长的剑状，蟋蟀的产卵管则常呈管状。蝗虫的腹部两侧具有一对听器，螽斯和蟋蟀的听器则皆长在前足胫节上。

螽斯和蟋蟀能够利用摩擦翅膀发声，蝗虫则是利用摩擦翅腿发声。蟋蟀的右翅叠在左翅上，借着左翅上的弹器摩擦右翅下方的弦器发声；螽斯则通常左翅在上、右翅在下，以右翅上的弹器摩擦左翅下的弦器发声。蝗虫则是以后足上的突起与前翅基部的弦器互相摩擦的方式发声。

1

豆娘
相爱的证据

我们如果对豆娘的行为和生活感兴趣，在水畔边发现豆娘的踪影时，可以试着观察它们交尾和产卵的行为。然而因为这类水栖昆虫对环境品质的要求较高，在邻近郊山的环境会有机会遇到。

豆娘交尾时，身体仿佛构成"爱心"般的形状，姿态相当独特。交尾对豆娘成虫而言，几乎是除了觅食以外最主要的任务。每当寻找伴侣中的雄虫发现了理想对象，往往便会强行捉住对方，而雌虫通常也不加以反抗，弯起身子便顺利完成交尾。由于它们飞行速度不快，偶然在池塘或河畔见到几只成对的豆娘，其实只要放慢脚步，避免动作过大，很容易就能做近距离的观察。

两两相对的永结同"心"

乍看之下，交尾中的豆娘，彼此身体的"末端"，跟另一方身体的"前半段"是连接在一起的。想想看，这样的动作，有没有可能出现在别种生物

上？看起来好像不是那么常见。为什么豆娘总是以这样的姿态呈现，而不同于昆虫常见的"尾对尾"的交尾动作呢？

当中奥秘在于它们的身体构造。豆娘细长的腹部一般由10个体节所组成，雌虫、雄虫在腹部末端皆长有生殖器；然而，雄虫的腹部前端（第2至3节）具有一用作交尾的"交尾器"构造。交尾时，雄虫会用腹部末端特有的钩状"肛附器"（或称"攫握器"）抓住雌虫胸部（前胸，头部后方），雌虫再接着弯曲腹部，将生殖器与雄虫的交尾器相连，便形成了如此的心形姿态。稍微注意看看，一对交尾中的豆娘里，貌似"颈子被揪住"的那一方，便是雌虫了。而与豆娘有近亲关系的蜻蜓，在交尾时也是采取类似的姿态。

1　交尾中的红腹黄蟌（*Ceriagrion latericium*），彼此身体的"末端"跟另一方身体的"前半段"是连接在一起的。
2　交尾中的红腹黄蟌。
3　交尾中的杯斑小蟌（*Agriocnemis femina*）。

不过，毕竟雄虫真正用于产生精子的生殖器，其实位在腹部末端（生殖孔开口在第9节后方）。因此此交尾之前，雄虫必须先找机会弯曲身体，将自己的腹部末端与交尾器短暂相接，让精子进入交尾器，才能够与雌虫交配。

新婚甜蜜蜜之难分难舍

许多豆娘在交尾完后仍不分开，雄虫仍旧紧系着伴侣，于是常让人见到双双联结在一起飞行的景象。接着，它们会以联结的状态进行产卵。这是因为"当事人"为了避免其他的雄性前来纠缠伴侣，并确保雌虫产下自己的后代。于是，雄虫会"揪住"雌虫来到水边产卵。不过并非所有种类的豆娘都会这么做，也有单独进行产卵，而雄虫不会加以守卫的种类。

4　产卵中的黄狭扇螅（*Copera marginipes*）。
5　黄狭扇螅雌虫的产卵管能刺入植物，将卵产在植物组织内。
6　刚羽化的红腹黄螅，身体尚未定型，既柔软且脆弱。
7　荷叶表面有一些成串的孔洞，为黄狭扇螅产卵所刺入的痕迹。
8　产卵中的红腹黄螅。

9

不同种类产卵的场所通常也有自己所偏好的水域。有些豆娘选择在静态水域产卵，有的则喜好流动性的水源。例如，红腹黄螅、黄狭扇螅常在池塘类的静水处现身；杯斑小螅偏爱沼泽地或水田这类环境；卡尾黄螅较常出现在流动和缓的沟渠；台湾溪螅则通常会在流动性较高的溪流边活动。选好地点后，不同种类的豆娘便会在水域周围、水生植物的枝叶或其上的积水处产下卵。有些种类并会一粒一粒地将卵产在植物组织内，使其受植物所包覆，以确保卵受到妥善的保护。

10

为什么要将卵产在有水的环境？没有错，这是因为豆娘小时候居住在水里。豆娘雌虫所产下的卵，会在一段时间后孵化成为稚虫。到郊外沟渠、池塘边瞧瞧，也许在浅水处有机会见到它们现身。稚虫在水中成长的过程，依种类而不同，短则数月，长则可能需一二年以上，直至羽化的那一天。当稚虫已达成熟，离开水，蜕下最后一次皮后，便能展翅飞翔，开始新的生命旅程。

9　台湾溪螅（*Euphaea formosa*）。
10　长尾黄螅（*Ceriagrion fallax*）羽化后留下的空壳。
11　红腹黄螅的稚虫（水虿）。
12　产卵中的长尾黄螅。

生活在户外的蟑螂

这天和往常一样，我在办公室里处理一封封回不完的email信件，同时整理开会用的资料。这时，响起的手机打断了我的思绪。接起电话，另一头是在高中任教的老吴。原来是打电话来问虫，我猜想是有学校师生求教于他，不过因为节肢动物的种类实在太多了，就算是学生物的，也难免会碰到不认识的种类。

生物的排除归纳法

果不其然，有学生在校园里捡到了不认识的虫，装在罐子里拿来找他。据电话中的描述，这只虫的身体扁平，背部看起来很光滑，就像皮革般的质感，他认为有点类似鼠妇。此外，大小有拇指那么粗，大约是金龟子的大小，然而一般鼠妇只有豆子或米粒大。加上这只虫有六只脚，于是我建议他直接去查"东方水蠊"这个关键字，这种蜚蠊普遍分布在低海拔及平地，户外实在非常容易找到。后来，经过比对后，证实了我的猜测。

东方水蠊不像很多蜚蠊老往屋内跑，而是生活在户外，校园或公园也很容易看到。土壤表面或落叶堆里，常见它们躲在里头。东方水蠊主要为夜行性，以地表的枯落物为食，所以在大自然中身为分解者，对我们人类是无害的。

体形椭圆的东方水蠊，和它大部分的蜚蠊亲戚一样，头部被前胸背板给盖住，足部布满短刺，具有典型的蜚蠊特征。而它们与众不同的地方在于，身上的翅膀已退化，只剩下短短的片状构造，因此不具有飞行能力。它的前胸背板前端具有浅黄色的边缘。

除了这种东方水蠊，还有一种萤火虫的幼虫很特别，外表跟东方水蠊、鼠妇乍看有几分神似，这种萤火虫叫作"云南扁萤"。特别的是，它的幼虫

---

1 东方水蠊（*Opisthoplatia orientalis*）夜间在步道的护栏上觅食。
2 鼠妇的本尊是这副模样。此为一种常见的鼠妇，"弥氏喜阴虫"（*Burmoniscus meeusei*），有一阵子常出现在我家浴室墙角。
3 这是在水泥地上活动的东方水蠊，常让人误认为是鼠妇，其实是一种生活在户外的蜚蠊。

4

在碰到危险时，也可以像球鼠妇或穿山甲那样卷成一团。云南扁萤虽然分布在全台湾的中低海拔，但是并不是很常见，要在环境比较好的山区才有机会遇到。

外表类似的不同生物

从偶然间发现鼠妇、东方水蠊之间的相似处，再联想到云南扁萤，原来这几种动物同样具有扁平的形态、平滑的背侧体壁，仿佛都穿了件皮衣。其中除了云南扁萤存在于郊野，鼠妇与东方水蠊都是在市区环境有机会见到的动物。然而它们相像的程度如何见仁见智，也许有些人不见得认同"它们长得像"的说法。

不过我想，这位在校园里发现东方水蠊的学生，接下来的日子仍会持续向他的老师提出新的问题，也许询问的种类也将不限于节肢动物，甚至还会涉及植物与真菌。只要能随时保持对大自然的好奇，很多事物都是值得投入的。不管最初促使他去探究、发问的动机为何，相信往后每一次的观察，以及因为想知道答案而进一步与其他人交谈，都可以为他的人生带来欢乐，并拓宽视野。

5

4　白天栖息在树皮缝隙的东方水蠊。
5　云南扁萤（*Lamprigera yunnana*）的幼虫，这种萤火虫幼虫的外观乍看也与东方水蠊有些相似。

Chapter 6

搭乘地铁
去赏虫

大沟溪
亲山亲水的社区秘境

在台北市里，有一处位于社区旁的自然步道，这个地方有溪水、绿地，而且只要搭地铁再走一小段路即可抵达，不但适合亲子共游，也是绝佳的赏蝶、赏虫景点。这个地方就是位于内湖的大沟溪溪畔步道。

大沟溪溪畔步道又称"大沟溪亲水公园"，园区邻近大湖山庄社区，地铁大湖公园站出站后沿着大湖山庄街前进，便可进入步道起点。由于生态丰富、风景怡人，又邻近住宅区，仿佛城市里的一处秘境，初次来访会给人一种惊艳的感觉。

大沟溪发源于白石湖山，为基隆河的支流之一。大沟溪所流经的大湖山庄街一带，过去曾因人为过度开发，导致逢台风豪雨时周边淹水频繁，严重影响了当地居民的生活。为了改善排水问题，台北市政府遂以自然生态工

2

法对此处重新进行整治，兴建了兼顾生态与防洪功能的调洪沉沙池，并在其中规划步道景观，才有了今日的大沟溪。因此，它的官方正式名称其实叫作"大沟溪生态治水园区"。

　　园区内步道的坡度平缓，可以毫不费力地漫步其中，常有民众在假日扶老携幼前来游憩，或遛狗，或谈天。步道周围的朱槿、龙船花、光冠水菊等蜜源植物，常吸引蝴蝶访花吸蜜，这样的景象在晴天时于步道入口处的植栽便能见到。常见蝶类如美凤蝶、达摩凤蝶、妒丽紫斑蝶、虎斑蝶等，运气好的话，一些积水的地方也有机会发现较少见的朴喙蝶、银灰蝶出现在地面吸水。

1　大沟溪溪畔步道有溪水、绿地，相当适合亲子共游。
2　大沟溪的入口。

亲水平台一带的大片水源，使得一般民众能够在此接触水域环境，可说是这地方与众不同的最大特色。以往我们想到水畔边，多半得前往较偏远的郊山，才有机会接触到溪流、湖泊等，在一般交通方便、邻近市区的公园或步道，很少有这类能够亲水的环境。当然这块水域也不同于一般公园中偏向装饰性质的水池造景，而是具有生命力的溪流，当中孕育了许多种类的生物。由于蜻蜓及豆娘是生活在水边的生物，这里可以见到于水边产卵或觅食的各种蜻蜓，吕宋灰蜻、晓褐蜻、蓝额疏脉蜻等种类在此有稳定族群，尤其春夏季特别常见。此外水中也能发现鱼虾、螺类、蛙类等生物。

　　步道终点大约是西北边的叶氏祖庙一带，周围的树木常有许多鸟类在此栖息。单程约20分钟即可走完步道，若仍觉意犹未尽，其上尚有两条与大沟溪衔接的主要登山步道，仍可持续前行。走完大沟溪溪畔，可再向上选择往碧湖步道或鲤鱼山步道健行。不过接下来的路程会稍微陡峭一些，也有不少阶梯，需要花一些时间与体力才能完成，但有机会可在沿途遇见觅食的鸟类，如台湾蓝鹊与台湾紫啸鸫等。步道的沿途景观不同于大沟溪的宽阔视野，所见多半为郁闭的阔叶林相。路程最终可至圆觉瀑布、圆觉寺等景点，建议可在去程时选择其中一条步道上山，回程时再走另一条折返，来趟充实的山林之旅。

3　亲水平台周围有不少的蜻蜓。
4　晴天时常见到美凤蝶（*Papilio memnon*）前来访花。
5　交尾中的虎斑蝶（黑脉桦斑蝶，*Danaus genutia*）。
6　朴喙蝶（长须蝶，*Libythea celtis*）的特殊头部，是其名称的由来。
7　妒丽紫斑蝶（*Euploea tulliolus*）与光叶冠菊（*Gymnocoronis spilanthoides*）。光叶冠菊是归化的外来种水生植物，常有斑蝶类飞舞其间。
8　朴喙蝶因为体形很小，很容易让人给忽略了。

9　吕宋灰蜻（*Orthetrum luzonicum*）是大沟溪夏天最常见的蜻蜓之一。
10　有时还可以发现吕宋灰蜻在水边交尾、产卵。

11 美丽的晓褐蜻（*Trithemis aurora*），亮丽的外表相当讨人喜欢。

12 狭腹灰蜻（*Orthetrum sabina*）具有纤细的腹部，容易让人留下深刻印象。

富阳自然生态公园

都市中的荒野丛林

台北市大安区的富阳自然生态公园，是介于市区与郊区之间的一处自然景点，大家也常简称它为"富阳公园"。虽然名为"公园"，但它可说是一座城市森林，这里保留了大片的自然环境，它所呈现出来的原始风貌可是相当受欢迎。多年来，由于自然爱好者之间口耳相传，在北部算是小有名气。基于交通便利的优势，假日时常可以见到不少游客，也常有学校或民间保育团体在此处进行户外教学。

若想前往富阳自然生态公园，可以搭乘台北地铁文湖线至麟光站，出站后步行约10分钟，走到富阳街与卧龙街交叉口附近，通过入口后，你将会发现，在城市与森林之间，居然只有一墙之隔。

2

　　这个地方之所以能保留这么多自然景观，是因为曾经封闭了好一阵子。从日据时代（1895—1945）开始，这里就被规划为军事用地。此后，将之作为军事弹药库，于是在此区域建起了假山与山洞，里头则是储存弹药与军事用品的库房。后来兴建北二高期间，基于地基的考量，原本许多的山洞与军用车道均被填实。由于军事重地向来是受到严格管制的，所以该地区一直是个封闭的区域，也因为这样，这里一直没有受到人为的开发或破坏，自然生态保存良好。1988年时先被规划为公园用地，并历经多次商议、规划与改建后，才有了今天的富阳自然生态公园。

　　富阳自然生态公园内的区域，主要可分为几个部分，包括入口解说区、次生林相观察区、军事涵洞遗址区、赏蝶区、自然生态演替区、生态水道

1　富阳自然生态公园的入口解说区。

2　常有环保团体在这里进行解说，这类活动可以建立民众对环境保护的观念，引领更多重视环境的声音。图为大伙正在观察植物上的昆虫。

区、湿地生态观察区、恋恋蝉声休憩区。整体看来,富阳自然生态公园的主体就是一座小森林,主要有几条交错的步道,这些步道可以通往森林、生态池,以及部分稍陡的高地。由于前身为弹药库,因此亦可见几座军事设施的遗址,如碉堡、军事涵洞、石阶步道等。

既然有丰富的树木,又有各种不同类型的生态环境,也就表示肯定有许多动物朋友在此定居。这里的昆虫中,比较有名的是栖息在乌桕树干上的白翅蜡蝉,通常在夏秋两季可以见到其族群。这种昆虫会出现在距入口处不远的乌桕树上,因为有着独特的外表,总吸引不少对它感兴趣的民众停下脚步观望。

在这座公园里,我们还可以见到蝉、蜻蜓、甲虫以及蝶类等各式昆虫。尤其许多蜻蜓和蝴蝶喜欢在明亮的地方活动,是很好的观察对象。在园区中有不少蝶类的寄主植物生长，我们可以在这些植物上观察到蝴蝶的幼期。例如棕榈科植物上可以发现翠袖锯眼蝶的幼虫及蛹，风箱树上有不少的新月带蛱蝶幼虫，柚子树上也可以找到美凤蝶的卵、幼虫。

另外还有许多两栖类、鸟类、爬虫类以及小型哺乳类。例如赤腹松鼠，以及一般公园不易见到的大赤鼯鼠。在此处白天可以赏虫、赏鸟，夜晚可以观察蛙类，风景四季皆宜。这是一座有着独特生态圈的森林公园，不管来过几次，每次前来，都可以让我们享受大自然的怀抱，体会这充满生机的清新。

3 黑冠鳽（*Gorsachius melanolophus*）亚成鸟，它们有时会在林地里觅食。
4 湿地生态观察区有几棵风箱树（*Cephalanthus naucleoides*），恋恋蝉声休憩区有几棵水金京（*Wendlandia formosana*），这些植物上可发现新月带蛱蝶（*Athyma selenophora*）幼虫。
5 新月带蛱蝶成虫常出现在地面吸水，或停栖在向阳处。

6 夏天有阵阵蝉鸣，也有机会在园区里见到树木上的高砂蚱蝉（*Cryptotympana takasagona*）。

7 园区中的棕榈科植物，如鱼骨葵（*Arenga engleri*）叶子上可以发现翠袖锯眼蝶（*Elymnias hypermnestra hainana*）的幼虫。

8 翠袖锯眼蝶成虫常在日照充足的地方活动。

9　入口解说区周围的几棵乌桕上，可以发现白翅蜡蝉（*Pyrops watanabei*）。

10　华丽宽腹蜻（*Lyriothemis elegantissima*），这种蜻蜓偏爱在静态水域活动，在夏秋季可以见到它们在湿地生态观察区一带追逐、交尾。

11　除了赏虫，也可以赏蛙，富阳自然生态公园里的海芋（*Alocasia odora*）上常有机会发现台北树蛙（*Rhacophorus taipeianus*）在此栖息。

义学坑步道
泰山健行享闲情

义学坑步道为一处位于新北市、林木繁茂的生态宝库，当然也是个赏虫的好去处。平日或假日来这里可以见到一些当地的民众前来爬山健行，或者欣赏生态景观。

义学坑步道入口的位置在新北市泰山区明志路二段254巷底，虽然目前没有地铁可以直达，但转乘公车的班次很多，仍是相当方便前往的地点。我们可以搭乘台北地铁中和新芦线至丹凤站，出站后转乘公车（637、638、801号皆可），公交车车程约15分钟，抵达明志里站，下车后步行约80米，即可到达目的地的巷口附近。

进入义学坑步道之前，我们会先见到山脚下巷口旁的一座古迹"明志书院"，相传是台湾北部的第一所书院。明志书院最初是在清乾隆年间，由胡焯猷无私地捐地捐款创立，并供穷人家的子弟免费就学，为了纪念这种创办学校的义举，因此当地便有了"义学坑"之名。

走入明志书院旁的巷子，不用多少时间，就可以见到那位于几户民宅旁的步道入口。沿着地面上整齐的石阶往前，将依序见到竹林、树木茂密的阔叶林，附近有小片的农地，这几个不同类型的区域都可以找到栖息在当中的

1 刚羽化的高砂蚱蝉（*Cryptotympana takasagona*）。夏天时有机会发现停在身旁的蝉。
2 丽叩甲（*Campsosternus auratus*）。
3 义学坑步道的入口。
4 步道前段区域可见竹子与许多阔叶树生长。

5

各种昆虫，如瓢虫、叶甲、蝽、蝴蝶等。特别的是，有些平时较不容易见到的蝶类或甲虫，在这里却有机会碰上。大部分区域可以见到青冈、白楸、红楠、香楠、扛香藤、风筝果、龙须藤等树种，这些植物常吸引植食性的昆虫前来。

当地的地形主要为丘陵地，路线则相当简单，沿着主要道路直走，前段的路线较平缓，中段以后的路途则有些坡度。底层因森林郁闭，部分区域较阴暗，但是越往上爬，视野将会越开阔明亮。步道沿途除了有护栏、石阶，部分地段更设置带有护栏的高架木栈道，提供了安全的步道空间，就算是陡峭的地段也不太会发生意外，不分老幼都可以放心地前往。持续直行，便可到达上方的"义学坑自然公园"平台。许多登山者会在此歇息，或者将旅程告一段落，准备

6

折返。若有意再往上爬，那么不妨继续往上走，再走一段路，便可抵达步道最顶端的"山顶公园"。

　　山顶公园的周围设置有一些简易的运动器材，步道途中并有观景台，可以眺望底下的泰山及大台北地区。来到义学坑步道，可以在一大片绿色植物里健走，欣赏自然风光，还可参访明志书院，是个适合周末踏青的地点。欣赏义学坑步道的风景有点像是倒吃甘蔗，越往前越能见到美丽的景物。入口附近乍看之下其实还挺像一般的农地与住宅区的混合，一旁的树木甚至可能还让人觉得有些杂乱，然而对喜欢昆虫的人而言，这里的好，走一趟你就会知道了！

5　角盾蝽（*Cantao ocellatus*）常成群聚集于大戟科植物的叶片上。
6　竹子上的黑褐举腹蚁（*Crematogaster rogenhoferi*）与竹舞蚜（*Astegopteryx bambusifoliae*）。
7　茄二十八星瓢虫（*Henosepilachna vigintioctopunctata*）在步道前段很常见。
8　甘薯台龟甲（*Cassida circumdata*）。

9 玛灰蝶（*Mahathala ameria*）比较喜欢停栖在有遮阴的地方。
10 埔里红弄蝶（*Telicota bambusae*）常栖息在草丛间。

11　蓝凤蝶（*Papilio protenor*）在向阳处吸花蜜。
12　日本娆灰蝶（*Arhopala japonica*）常在其寄主植物青冈（*Cyclobalanopsis glauca*）附近出现。

军舰岩
亲山步道
山岭奇石
遥望群山

军舰岩亲山步道邻近石牌荣民总医院、阳明大学，属于大屯山系。"军舰岩"本身是一座小山丘，因其至高处岩层裸露，呈现出一块凸出的巨大岩石，其外观被认为形似一艘军舰，不过其实这只是整座山的一小部分，而这座山也因此而得名。

欲前往军舰岩亲山步道，最方便的路线为从地铁石牌站，沿石牌路二段往东北方，走至台北荣民总医院，再往前走便可上山。上山后沿着阶梯前行，约20分钟便可抵达山顶，俯瞰台北市的风光。

军舰岩在远古时期，曾为一片滨海地区，由于地壳的造山运动而从海面隆起，成为今日的面貌。沿着步道走，可以注意到整个山路上许多地方露出坚硬的砂岩，有的区域虽覆盖着土壤并长有植物，但土壤层却显得较薄，这

样的风貌成为别具一格的地质景观。因为土壤浅，地表显得较干燥，岩层裸露的区域则少有植物生长，有别于一般郊山生态。

军舰岩海拔高约185.6米，山径上日照充足。当地可以见到几种原本在台湾中海拔才有分布的植物，例如台湾马醉木、包箨矢竹等。一般被认为是由于该山区位在东北季风入口，高处受到风冲压力，气温显得较低，以致植物生态相有下降的趋势。

---

1 山顶的巨大岩石，在山峦间显得相当醒目。
2 娜拉波灰蝶（*Prosotas nora formosana*）正在吸食假臭草花蜜。
3 港口矮虎天牛（*Perissus kankauensis*）。
4 军舰岩亲山步道沿途，可见土壤浅薄，岩层裸露。

　　步道沿途的道路石阶两旁，台湾相思、车桑子、台闽算盘子等树种相当常见，但石阶周围活动的昆虫较少，比较容易观察到的昆虫为访花的蝴蝶，有时也能目睹几只蜻蜓飞过。植物丛里生态丰富，往树木较茂密的方向搜索，有机会见到蝗虫、蟑、天牛等在其中活动。其中台闽算盘子为双色带蛱蝶的寄主植物，在叶片上常可发现一些幼虫。台湾相思的周围则有机会找到港口矮虎天牛。

　　其他较优势的植物中，白楸、血桐的花或花苞上常有美姬灰蝶幼虫，以及一些介壳虫。在两面针的叶片上，有时也能发现蓝凤蝶幼虫及卵，偶尔也能找到其他种类的凤蝶幼虫。

　　军舰岩亲山步道整体来说坡度适中，走起来并不困难，而且环境优美，是适合散心、健行的好去处。走到山顶，更可以眺望周围的郊山与建筑。站在顶端的巨岩附近，视野相当广阔，可以欣赏坐落在周围的威灵顿山庄、文化大学，同时也可俯瞰整个台北。所以这里成为相当热门的假日景点，山顶的岩石一带常会聚集许多游客。每逢周末前往军舰岩踏青，可以让你远离尘嚣，享受绿意与美景。

5　美姬灰蝶（台湾黑星小灰蝶，*Megisba malaya*）正在吸食假臭草花蜜。
6　在白楸（*Mallotus paniculatus*）花梗上活动的美姬灰蝶幼虫。
7　蓝凤蝶（*Papilio protenor*）。
8　两面针幼叶上的蓝凤蝶卵。两面针的植株上很容易见到蓝凤蝶的卵及幼虫。
9　两面针（*Zanthoxylum nitidum*）。
10　中海拔特有的台湾马醉木（*Pieris taiwanensis*）在军舰岩也可见到。
11　台闽算盘子（*Glochidion rubrum*）的叶子上可发现玄珠带蛱蝶（*Athyma Perius*）幼虫。
12　沁茸毒蛾（*Dasychira mendosa*）的幼虫。

剑南
蝴蝶步道
蝶影翩翩的
城市角落

剑南蝴蝶步道主要是以剑南路靠近大直的路段及其邻近的几条小径为主体，当中有许多繁茂的原生种植物，适合多种昆虫栖息。剑南路本身则位于台北市的大直地区，是一条坡度平缓的山区道路。

在过去，剑南路曾历经数次开垦，因而导致自然面貌逐渐为人工景物所取代，而后台北市政府委托了台湾蝴蝶保育学会进行栖地复育，规划以保育蝴蝶为主题的"剑南蝴蝶步道"。经多年的努力，如今则是树木林立，具有丰富的生态资源，已成为相当出色的自然景点。剑南蝴蝶步道目前由台湾蝴蝶保育学会经营维护，进行植栽养护、教育推广等工作。

前往剑南路的方式，可经由台北地铁文湖线，乘坐至剑南路站，由地铁站1号出口往剑南路口的方向行进，即可到达。或者可沿北安路811巷步行，顺着剑潭古寺旁的石阶往上，左转后前行，便可见到入口处的池子及木栈道。步道入口设有标示牌，并不难找。

　　既然这个步道以蝴蝶为名，蝴蝶当然便是里头最主要的一项特色了。为了营造适合蝴蝶生长的生态环境，剑南蝴蝶步道栽植了丰富的原生种蝴蝶寄主植物和蜜源植物，也就是蝴蝶的幼虫及成虫所需要的植物。步道内并设有景观平台、诱蝶植栽区、生态水池区等，营造出多元环境，如此不仅吸引了许多蝴蝶在此繁衍，也提供了昆虫及许多动物良好的生长空间，因此在步道沿途能见到各式各样的昆虫。当漫步在此步道中，民众除了可欣赏蝴蝶外，还可以观察植物，许多植物旁及特定区域设置有解说牌，可帮助民众认识各种植物，以及蝴蝶与环境之间的生态关系。

　　因为昆虫的种类繁多，在剑南蝴蝶步道中的许多植物上，我们可以很容易地直接观察到蝴蝶以及各类昆虫的不同生长阶段。例如，道路旁栽植的鱼木上头往往能够发现鹤顶粉蝶的幼虫。在朴树上有时能找到豹纹蝶、黑脉桦蝶等种类的幼虫，甚至目睹蝴蝶在叶子上产卵的过程。如果碰巧气候不佳，没有遇上空中飞舞的蝴蝶，那么也别灰心，找找植物的枝叶，见到蝴蝶幼虫的机会可不少。

1　剑南蝴蝶步道视野宽阔，站在高处能眺望台北市大直地区。
2　这里不仅是赏蝶好去处，步道沿途风景也相当怡人。

3　　　　　　　　4　　　　　　　　5

　　诱蝶植栽区的蜜源植物如龙船花的花朵，常吸引凤蝶类飞来吸食花蜜。伞序臭黄荆也是一种蝴蝶喜爱的蜜源植物，开花时总会吸引多种凤蝶、灰蝶、马蜂、蜾蠃、蝇类等前来吸蜜。马利筋既是金斑蝶的寄主植物，也是许多其他蝴蝶的蜜源植物；其叶片上常见金斑蝶幼虫，而茎部常有夹竹桃蚜聚集。而在较低矮的草丛中中华稻蝗、宽腹斧螳等昆虫也非常常见。有枯树的地方还有可能找到白蚁的巢，以及天牛的成虫等。此外，不只是昆虫，鸟类、松鼠等动物很活跃，在生态池里也常能听到青蛙的鸣叫声。

　　剑南蝴蝶步道距离市区并不远，来到这里可以观察自然生态、进行自然教学，当然也适合健行登山、欣赏风景。此路段上还可俯瞰邻近的美丽华

6

7

摩天轮，以及台北市各地标，夜晚并能欣赏市区夜景，甚至跨年时更可以在此欣赏华丽的烟火秀！

　　走完了主要地标，与蝶共舞、欣赏花草之余，还可以顺着造访邻近的鸡南山步道、文间山步道，这两条步道皆是相当适合健行的森林小径。剑南蝴蝶步道的其中一个出口即与鸡南山步道衔接。改天不妨造访此地，或者可与亲朋好友同行，这里绝对是都市里数一数二的赏虫、赏蝶好去处。

3　黑脉蛱蝶（*Hestina assimilis*）正在朴树（*Celtis sinensis*）上产卵。
4　伞序臭黄荆（*Premna serratifolia*）开花，吸引红珠凤蝶（*Pachliopta aristolochiae*）前来吸蜜。
5　金斑蝶（桦斑蝶，*Danaus chrysippus*）。
6　在枯死的台湾相思（*Acacia confusa*）上活动的黑翅土白蚁（*Odontotermes formosanus*）。
7　桑象天牛（*Mesosa perplexa*）在枯木周围活动。

8　夹竹桃蚜（*Aphis nerii*）常出现在马利筋（*Asclepias curassavica*）的茎上。
9　窃达刺蛾（*Darna furva*）的幼虫。
10　中华稻蝗（*Oxya chinesis*）常在地面草丛间活动。
11　鱼木（*Crateva adansonii*）上的鹤顶粉蝶（*Hebomoia glaucippe formosana*）幼虫。
12　赤腹松鼠（*Callosciurus erythraeus*）在步道中也很常见。

和美山步道
碧潭水岸的生态宝库

和美山位在新北市新店区碧潭吊桥西岸的桥头边，又名碧潭山，海拔高度约153米。几条生意盎然的森林小径，与知名观光景点碧潭相邻，这儿不但可以徜徉在大自然的怀抱里，还可以欣赏碧潭一带美丽的山光水景。爬山健走完再逛逛水岸风光，一整天的时间可能还不够用！

和美山步道的入口与碧潭吊桥的距离非常近，而且离地铁站不远。搭乘台北地铁松山线至新店站，出站后往碧潭风景区方向步行约5分钟，穿过一些摊贩，便能找到碧潭吊桥。走过碧潭吊桥至对岸，即可见到步道入口的木制牌楼。顺着入口，走过一小段较窄的阶梯，即抵达步道的迎宾平台。后面的路途大致分为两条，分别为沿途设有蓝色栏杆、邻近碧潭水岸风景的"蓝线水岸步道"，以及绿色栏杆、周围景致为森林地的"绿线亲山步道"。由此可任选一条行进，两条不同道路虽然沿途景点相异，但在途中会有些许交会点，途中并有路标与一些解说牌指引行进方向。

若选择绿线，将可通往和美山山顶；可在绿线终点的美之城社区搭乘公车回到捷运站附近，但因公车班次不多，因此建议抵达山顶后由原路折返，

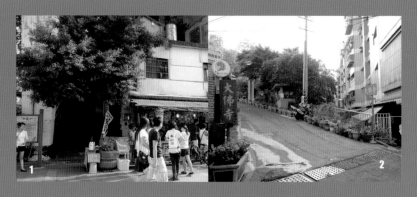

1　和美山步道的主要入口位于热闹的商店街。
2　和美山步道的另一条入口，与主要入口相距不远。
3　步道沿途有许多树木与昆虫。
4　步道平缓好走并设有许多解说牌。

回程可选择不同的路线，在下山的同时欣赏另一条路线的风光。前半段路程大多设有护栏，相当牢靠；后半段一些路段虽无护栏，但因两旁有浓密的树木做屏障，不太会有安全上的顾虑。

和美山的生态让人赞赏，当地有丰富的原生种植物，森林中栖息了许多甲虫、蝶类、蛾类、螽斯、蝗虫等。白天很适合赏虫、赏蝶，晚上则可聆听蛙鸣及猫头鹰的叫声，观察夜间的自然生态。步道上常见蝶类如三斑趾弄蝶、豆粒银线蝶、琉璃蛱蝶等。鸟类则常可听见台湾蓝鹊、台湾拟啄木鸟等的鸣叫声。

和美山旁的碧潭虽名为"潭"，但它其实并非湖泊，而是属于比较宽阔的河道。因为步道入口一带以及蓝线水岸步道相当接近碧潭，潮湿的环境孕育了许多蛙类，走在途中可以听到此起彼落的蛙鸣，以及观察蜻蜓与

5　三斑趾弄蝶（*Hasora badra*）正在厚果崖豆藤幼叶上产卵。
6　厚果崖豆藤上的三斑趾弄蝶幼虫。
7　中华稻蝗（*Oxya chinesis*）。
8　埔里黑金龟（*Lachnosterna horishana*）。

豆娘。在接近山顶的地方有生态池及几处水源，其周围更有大量的蛙类栖息，例如面天原指树蛙、白颌树蛙等。

　　甚至偶尔在一些较隐秘的小径里，幸运的话可以见到一些平时不易见到的野生动物，如夜间活动的穿山甲、栖息在森林环境的黄缘闭壳龟，然而这样的生态宝库，居然只离地铁站没几步路而已！

　　在春天的时候，和美山成了北部地区的知名赏萤景点。每年的四月中旬至五月底，以黑翅萤为主的萤火虫发生期，此时满山遍野，有如银河般的闪闪萤光在林中穿梭，相当受大众欢迎，因为交通便利，常有许多游客慕名前来。其他的季节里，晚上活动的生物也不少，在这片森林环境里做夜间观察，能见到的生物种类可不比白天来得少。

9　面天原指树蛙（*Kurixalus idiootocus*）。
10　豆粒银线灰蝶（*Spindasis syama*）。
11　长尾黄蟌（*Ceriagrion fallax*）。
12　旖弄蝶（狭翅弄蝶，*Isoteinon lamprospilus*）。

和美山的森林有虫鸣鸟叫，入夜后或欣赏碧潭吊桥旁的夜景，或者观察山中夜间活动的小动物，在春天更有闪耀的萤火虫。趁着假日，放下手边的纷扰俗事，来到和美山步道，这里的环境保证可以令你心旷神怡。

13

---

13 中华穿山甲（*Manis pentadactyla pentadactyla*），又称中华鲮鲤。

14

走累了，下山还可以在碧潭岸边一带的摊贩与餐饮区、露天咖啡厅稍做歇息，欣赏碧潭吊桥的蓝天白云。多样的选择，来过几次仍可让人意犹未尽，是非常棒的假日生态旅游景点。

15

---

14 春天夜晚萤火虫大发生的盛况。

15 黑翅萤（*Luciola cerata*）是当地数量最多的萤火虫。

作者后记

我生长的童年，信息硬件尚未普及，与现今声光效果环绕的大环境比起来，仿佛是不同的两个世界。在那个年代里，电脑及手机都还很罕见，没有互联网，无线电视频道则只有四台。那么，从前的生活会不会让人觉得太过单调了点？

其实我觉得一点也不，毕竟对我而言，资讯科技并非生活的唯一。尽管当时电脑不普及，探索身边的动植物，特别是昆虫，就是我最主要的休闲活动。小学的校园里，草皮上最常见的螽斯、蝗虫，每天下课都可以发现它们的踪影。放学回到家，我又可以花上几个小时研究盆栽上的蝴蝶幼虫。

就算是在车辆、行人来往的街道旁，也常有机会发现正在产卵的蝶类、在树干上吸食着树液的蝽，大自然的怀抱可说是无所不在。当然，也曾把学校里找到的昆虫带回家饲养，这点肯定也是许多自然爱好者共有的回忆与经验。

慢慢地，时代改变了，在我的求学过程中，社会步入了数字时代。不管是学生还是上班族，大众的工作形式开始电子化，电子游乐设备的种类也变得很多元，人类的作息逐渐被电脑平台给紧紧绑住。我想，对许多现代都市人而言，也许智能手机、平板电脑所散发的魅力，是远大于亲近大自然的吧？然而直到现在，观察自然生态一直是我打从心底喜爱的嗜好。只要一有空，我总会在室内外寻找昆虫。我想，我真是个标准的"数字移民"，不仅曾从低科技的环境移民到数字时代，如今就算几天不开电脑，也有别的兴趣可以让我忙上一阵子。

除了赏虫，我也爱看书。我的房间里总是堆满书，里头当然有不少昆虫的专业书。这些书里，翻译自国外的科普书、百科或图鉴占了近半数。我总觉得，那些翻译的昆虫书，当中出现的种类常常离我们太过遥远。于是我有了这样的想法：其实台湾也有许多有趣的昆虫，比起其他地区的物种，它们应该更值得介绍给人们认识。何况，我们不需要深入荒郊野外，在都市里就可以发现昆虫，它们的种类还出乎意料地多。

　　这是一本写给都市里昆虫爱好者的书。我在各个章节里分享了自己多年来在都市周边以及近郊绿地遇到的各式昆虫。那些出现在都市里、居所旁，我们身边随处可见的昆虫邻居，就是最重要的主角。希望它们可以带领读者，发现那些昆虫所出没的角落，并在昆虫的世界中得到乐趣。说不定，你还能因此在昆虫身上领悟些什么。

　　事实上，许多常见昆虫因为在文献中少有记载，或者因为体形微小的缘故，在辨识上具有一定难度。写作期间，承蒙许多专家与自然爱好者协助鉴定及提供建议，在此由衷感谢台湾自然科学博物馆的詹美铃博士、台湾行政管理机构农委会农业试验所的姚美吉博士、嘉义大学植物医学系的萧文凤教授、六足工作室的徐涣之老师、台湾林务管理机构罗东林管处的陈彦叡先生、虫窝自然生态工作室的黄致玠先生。

　　我要特别感谢大树自然书系的张蕙芬总编辑，经由张总编的细心建议及鼎力玉成，这本书才能有机会出版。我也很感谢台湾环境资讯协会的彭瑞祥主任与协会伙伴，几年前彭主任邀请我为协会撰写生态类文稿，这样的机会让我累积了许多写作经验并得到不少鼓励。除此之外，仍有许多朋友的帮助与支持，基于篇幅未能一一列出，在此一并致谢。

　　台湾地区目前已有记录的昆虫物种数约有两万余种，然而尚未有记录的种数可能仍有上万种之多。这本书所介绍的，只是其中一小部分常见的种类。在各种不同的昆虫中，仍有许许多多的生态行为有待人类进一步深究与探索。假使读者在本书内容中发现任何疏漏之处，敬请不吝指正，我会虚心接受您的宝贵建议。

李鍾旻

图书在版编目（CIP）数据

都市昆虫记/李钟旻著. －北京：商务印书馆，2019（2023.3重印）
（自然观察丛书）
ISBN 978-7-100-17713-9

Ⅰ.①都… Ⅱ.①李… Ⅲ.①昆虫学－普及读物
Ⅳ.①Q96-49

中国版本图书馆CIP数据核字（2019）第152998号

都市昆虫记

李钟旻 著

三蝶纪 审校

商 务 印 书 馆 出 版
（北京王府井大街36号 邮政编码100710）
商 务 印 书 馆 发 行
北京新华印刷有限公司印刷
ISBN 978-7-100-17713-9

2019年10月第1版 开本880×1230 1/32
2023年3月北京第2次印刷 印张6
定价：69.00元